超入門 PCとネット環境だけで実践可能！

最新AI プログラミング

Google ColaboratoryとAIリバーシで学ぶ

竹内 浩一 著

電波新聞社

まえがき

スマホやパソコンを使って必要な情報を得ながら生活することが当たり前になっています。新聞やテレビが少し前までは主な情報源でしたが、今ではSNSが主流になっています。ところで、情報を得るために皆さんはどのようなアクションをしていますか。大手情報サイトをポータルサイトとして定期的に見ていますか。それとも特定の情報が自分の端末に送られていますか。いずれにしてもスマホなどの端末にはあなたが気にしている情報が優先的に表示されているのではないでしょうか。

そうです、あなた好みの情報を誰かがインターネットの中から収集して送ってくれています。ニュースはもちろん、あなたが興味を持っている分野の出来事や新製品が発売されるとすぐに教えてくれます。さて、誰が送ってくれているのでしょうか。正解は人工知能AI(Artficial Intelligence) です。これまでに訪問したwebサイトやネットショップの閲覧履歴から人工知能AIがあなたの嗜好傾向を見抜いて関連する情報を送ってくれます。疲れ知らず、365日24時間情報を収集分析することができます。人工知能AIはこれまでにも何度か表舞台に現れては気が付くと姿を隠していましたが、今かつてないほどに注目を浴びています。

人工知能AIは利用範囲が広がり、どんどん身近になっています。仕組みを知らなくても恩恵にあずかることはできます。どのように活用すれば効果的なのかを検討する部署を設置する企業も増えているようです。でもどのような仕組みで動いているのかを理解したいと思いませんか。どうせならその根幹である人工知能AIプログラミングに挑戦したいと考えている方もいらっしゃると思います。

人工知能AIプログラミングに取り組めることは特別なスキルを持った人の特権ではなくなりつつあります。そこで整いつつある誰でも試せる環境を活用して人工知能AIプログラミングを体験してみたい方に向けて本書を執筆しました。大勢の方がAIプログラミングに親しむきっかけとなるとうれしいです。そして遠くない将来にやってくるであろう(後で振り返るともう始まっているのかもしれません。)シンギュラリティ（singularity）を余裕の笑顔で迎えましょう。

【謝辞】本書を執筆するにあたり、長野県駒ケ根工業高等学校情報技術科　福澤拓也先生に人工知能AIについて多数のアドバ イスを頂きました。ありがとうございました。

令和4年　7月　著者しるす

Google Colaboratory と AI リバーシで学ぶ

超入門 最新 AI プログラミング

PC とネット環境だけで実践可能！

Python とディープラーニングをリバーシゲームを作りながら楽しく学びましょう！ Python の基本構文から Keras を利用したディープラーニングまで、体験しながら学習することができます。

はじめに

第 1 章 リバーシ盤面の準備

第 2 章 駒を置けるか判定する

第 3 章 駒を裏返してリバーシらしくする

第4章　乱数あいぴ登場

第5章　盤面評価で戦略を考える

第6章　あいぴを強くする方法を考える

第7章　ディープラーニングに挑戦する

おわりに

第0章

0-1 はじめに

人工知能AIが人間にとって替わる日がやってくる。この衝撃的なフレーズがシンギュラリティ(Singularity)というキーワードとともに紹介されたのはつい最近のことです。AIなんてSFアニメの中にのみ存在し、実現するのは難しいと誰もが思っていました。でも、現実はどうでしょうか。

0-1-1　人工知能(AI)のこと

人工知能AI(Artficial Intelligence)はあっという間に私達の生活に入り込んできました。カメラを構えれば、AIが顔を認識してくれます。ネットを眺めていると自分が興味を持つであろう話題や商品をおせっかいにも、でもなかなか的を得た紹介をしてくれます。自動車にはステレオカメラや各種センサーが搭載されて、AIが安全運転をサポートしてくれます。目的地を告げればドライバが運転することなくAIが連れて行ってくれる自動運転の実現も目前となっています。

年代によっては人工知能＝電子頭脳＝人間と同じ働きをする人工の脳みそをイメージする方がいるのではないでしょうか。これはアニメの中に登場するアトムに代表されるロボットが、とても人間に近かったためだと思います。優秀な電子頭脳＝コンピュータが主人公を助けてメカを操ったり、巨大な基地や宇宙船を自動的に制御する万能な機械という位置づけでした。

個人で購入所有できるパーソナルコンピュータ＝パソコンが身近に現れてしばらくすると、アセンブラやBASIC言語を駆使した様々なアプリケーションが登場しました。そのうちの一つに人工無能があります。入力した単語に対してあたかも意味があるような言葉を返す、でも考えているわけではなく、辞書の中から適当に返事をするのが人工無能です(**会話0-1-1**)。チャットボットの原型ですね。最初はユーザの言葉をオウム返ししますが、会話の中の言葉を徐々に取り込み返事をする単純な方法でした。それでも人工無脳プログラムを初めて試したときはいよいよコンピュータと会話ができるようになったんだ、と感動したことを覚えています。

会話0-1-1　人工無能

自分：こんにちは。
無能：こんにちは、自分さん。
自分：いい天気ですね。
無能：自分さん、いい天気ですね。
自分：やっほ〜。
無能：自分さん、やっほ〜。
自分：ふざけてるの？。
無能：そんなことはありません。

次に登場したのがリバーシゲームです。購入したのは携帯型電子ゲームタイプです。人工知能AIを搭載し、とても強いというのがキャッチフレーズでした。対戦すると、中級レベルでもなかなか勝つことができません。人工知能AIという言葉を目にしたのはこの時が初めてだったように思います。人工知能AI搭載の将棋ゲームが販売されたのもこの頃です。

同時に人工知能AIは世間一般に急速に認知され始めました。人間の頭脳はニューロンで構成されており、ニューロンに信号が伝わり知能が構成されていく説明を入門書で見かけるようになりました。何冊も読みましたが、わかったようなわからないような感じでした。

そのうちに様々なAIプログラミングを試すことができるようになりました。筆者はAIプログラミングにはラズベリーパイが適していると聞き、ラズパイOSのインストールから始めました。人工知能のためにPython言語を覚え始めた方もいるのではないでしょうか。しばらくすると人工知能向けにTensorflowやKerasなどのパッケージが存在していることを知りました。これらを使うとプログラミングが格段に楽になるけれど、動かす環境を準備するのがなかなか大変であることがわかりました。

ようやく設定できたラズパイで動かしたAIプログラムは、数字の手書き文字を認識するプログラムです。ここでの文字認識は0～9の手書き画像を多数与える＝学習し、未知の手書き画像が0～9のどれに該当するかを導き出す＝分類するというものです。

手書き文字認識プログラムはなんとか動かすことができました。きっかけとしてよかったのですが、その後の理解が進展しません。音声認識も試しました。ネットで見つけたプログラムを入力して、自分の発する声が文字となって出力されたときは感動しましたが、どうも納得できません。納得できなかった原因は次の3つのように思いました。

0-1-2　AIプログラミングの理解が進まない3つの原因

1つ目はAIプログラミングの主流言語であるPythonに馴染みが薄かったからです。Pythonの文法を説明してくれる入門書は多いのですが、具体的な例題を元に理解を進める説明があまりなかったのです。

2つ目は画像認識の次のステップとなるプログラミング例題が見つけられなかったのです。手書き文字認識を試しただけで、PythonのAIプログラミングから遠ざかってしまった方もいらっしゃるのではないでしょうか。

3つ目はPyhtonの動作環境を整える大変さです。PythonのためにLinuxを動作させなくてはなりません。Windowsやラズベリーパイで Linuxを動かすなど、みなさんそれぞれ苦労されていると思います。それを乗り越えてようやくプログラミングをすることができる、というのはかなりハードルが高いことになります。

以上、3つの原因を解消しつつ、Pythonの基礎から人工知能AIプログラミングまで楽しむことができることを目標として本書を執筆しました。本書の構成を次に説明します。

0-1-3　本書の構成

1つ目の対策として、Pythonを楽しく学ぶために、馴染みの深いリバーシを題材としました。リバーシはご存じの通り8×8マスに黒白の駒を交互に置いて、相手の駒を挟むことによりひっくり返し自分の駒とし、最終的な駒の多さを競うゲームです。誰でも知っているリバーシプログラミングを楽しみながらPythonの基礎を学びます。Pythonに慣れた頃、対戦型リバーシをプログラミングします。

2つ目の対策として、TensorflowとKerasを利用したディープラーニングAIプログラミングに挑戦します。自分のプログラミングでAIがリバーシを学習し、アルゴリズムとしては全くプログラミングしていないのに、リバーシの一手を差したとき、久々に感動を覚えることができると思います。

3つ目対策として、Python を動かす環境に Google Colaboratory を利用します。Colab はログインするだけでディープラーニングを試すことができる Python が揃ってしまうクラウド環境です。Colab であれば、誰でも Python を簡単に動かすことができます。フレームワークである Tensorflow や Keras もいとも簡単に利用できます。

パソコン黎明期にはパソコンを理解するには BASIC とばかりに、誰しもがこぞって BASIC 言語習得に励みました。しばらくすると C 言語にシフトし、C 言語から派生した C++ や JAVA なども人気を集めました。

そして今、人工知能 AI プログラミングには Python の流れがやってきています。そこにはパソコンが誕生した頃の熱気を感じませんか？。ぜひ、Python をモノにして人工知能 AI プログラミングを楽しみましょう。

0-1-4　本書の実行環境

0-1-4-1　Python について

人工知能 AI プログラミング言語として Python 言語 (以後、Python) が注目を集めています。Python はユーザが育てるオープンソースの言語です。C 言語や以前の入門言語である BASIC と似ている部分があります。Python は初心者が最初に学ぶコンピュータ言語の役割を果たす場面も出てきています。

画面 0-1-1　Python のバージョン

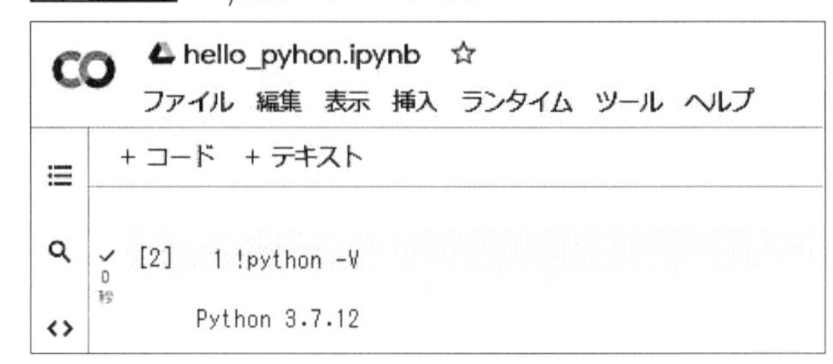

本書では Python を実行する環境に Google Colaboratory（以後、Colab）を利用します。利用方法は後ほど説明します。執筆時点 (2022 年 5 月) における Colab の Python バージョンは Ver 3.7.13 です (**画面 0-1-1**)。

0-1-4-2　Tensorflow と Keras について

Tensorflow と Keras はディープラーニング Python プログラムを比較的簡単に実現することができる便利なパッケージ＝フレームワークです。執筆時点の Colab においてはこの 2 つは最初から組み込まれています。したがって、何もしなくても Python プログラム中で import するだけで利用することができます。執筆時点（2022 年 5 月）における Colab 内バージョンは両方とも Ver 2.8.0 です (**画面 0-1-2**)。

画面 0-1-2　Tensorflow と Keras のバージョン

0-1-5　本書の利用について

ものづくり系の高校・専門学校・大学では座学と実習によりものづくりを学びます。座学は講義室などに座って受講する形式の授業です。一方、実習は実際に手を動かしてモノを作り出す体験型の授業です。ものづくりを学ぶには知識と体験の両立が重要だと考えます。

ものづくり系の学校では入学後から基礎を学び、最終学年になると課題研究や卒業研究に取り組むのではないでしょうか。自分で決めたテーマに沿ってものづくりに取り組んでいることと思います。

本書は、初めて Python を学ぶ方から、卒業研究・課題研究・実習などの参考になることを目標の１つとして執筆しました。研修会などでも補助教材として活用してもらえるとありがたいです。

人工知能 AI プログラミングを Python で行うことは立派なものづくりです。自分で苦心して制作したプログラムが思ったとおりに動作したときの感動を１人でも多くの方に味わっていただければうれしいです。

0-1-6　人工知能 AI キャラクタ　あいぴの紹介

筆者が人工知能 AI プログラムを擬人化するための各キャラクタがあいぴです。あいぴ達は VroidStudio にて誕生し、AIProgramming から名付けました。AI プログラミングはキャラクタをイメージすると親近感が湧いて学習が捗ると思い、創作しました（図 0-1）。可愛がってやってくださいね。よろしくおねがいします。

図 0-1　あいぴキャラクタイメージ
Copyright　K.Takeuchi

■お断り
なお、本書の内容については、Google コラボラトリや OS などの仕様変更などで、一部実際と異なっている場合があります。大勢への影響はないとは考えられますが、あらかじめご承知おきください。

0-2 Google Colaboratory の使い方

0-2-1　Google Colaboratory とは

Google Colaboratory は Jupyter Notebook ベースの Python 実行環境です。インターネット接続環境があれば Google アカウントを取得するだけで Google Chrome 上で誰でも無料で Python を楽しむことができます。Python を実行する際に必要なライブラリも準備されています。人工知能 AI に不可欠なニューラルネットワークを簡単に構築するための TensolFlow や Keras もユーザが組み込む必要はなく、すんなり動いてくれるので驚きです。

Colab は言語を選ぶことができるようですが、現時点では Python 以外は簡単に動かすことはできません。Python 専用環境と言って差し支えないでしょう。

0-2-2　実行環境

本書における Google Colaboratory の実行環境は以下のとおりです。Google アカウントとパスワードが必要になります。お持ちでない場合は取得しておいてください（2022 年 5 月現在）。

Windows 11 Home バージョン 21H2
Google Chrome　バージョン 100.0.4896.127（Official Build)(64 ビット）

注意：Google Chrome が動作すればスマートフォンや MacOS などでも動作する可能性はありますが、確認はできておりません。

0-2-3　初めての Google Colaboratory と Python プログラムの実行

0-2-3-1　Hello Python world に挑戦！

初めての Python プログラムである「Hello Python world」に挑戦しましょう。ここでは Google Colaboratory を初めて使うことを前提に説明します。

Google Chrome を起動します。検索ウインドウより「Google Colab」を検索してください（画面 0-2-1）。

画面 0-2-1　Google Chrome を起動

Google Colab がトップ付近に表示されると思うので、そのまま選択します（**画面 0-2-2**）。

画面 0-2-2　Google Colab を選択

「Google Colab へようこそ」の画面が表示されます。右上のログインを選択します（**画面 0-2-3**）。

画面 0-2-3　Google Colab へのログイン

Google アカウントとパスワードの入力画面になります（**画面 0-2-4**）。取得済みのアカウントとパスワードを入力して、次へを選択します。

画面 0-2-4　アカウントとパスワードの入力

ここまでの操作によりGoogle Colaboratoryの環境にログインし、利用する準備が整いました（**画面0-2-5**）。

画面0-2-5 Google Colabにログインできた

Google Colabをさっそく使ってみましょう。Colabメニューのファイルから「ノートブックを新規作成」を選択します（**画面0-2-6**）。ColabではPythonプログラムや説明文を入力する画面を「ノートブック」と呼びます。

画面0-2-6 ノートブックの新規作成

これで新規ノートブックが作成されました（**画面0-2-7**）。

プログラムを入力・実行する部分を「セル」と呼びます。セルには複数行のプログラムを記述することができます。また、セルを追加することもできます。それぞれのセルは独立しており、単独または同時にプログラムを動作させることができます。

画面0-2-7 作成した新規ノートブック

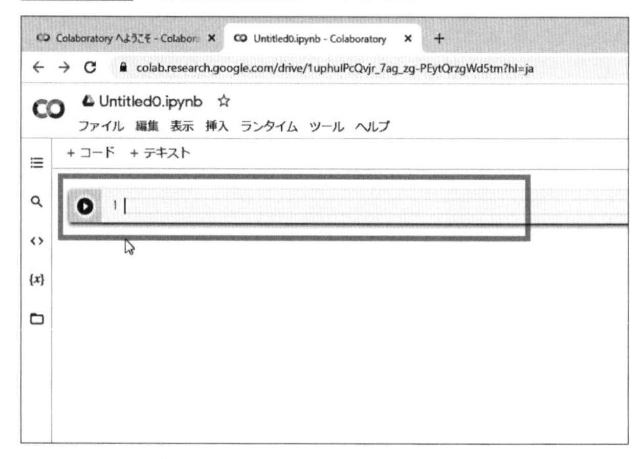

Python プログラムを入力しましょう。初めての Python プログラムは１行です（**画面 0-2-8、リスト 0-2-1**）。C 言語と似ていますね。セルをクリックすると入力可能になります。

《リスト 0-2-1》

```
print('Hello python world')
```

画面 0-2-8　初めての Python プログラム

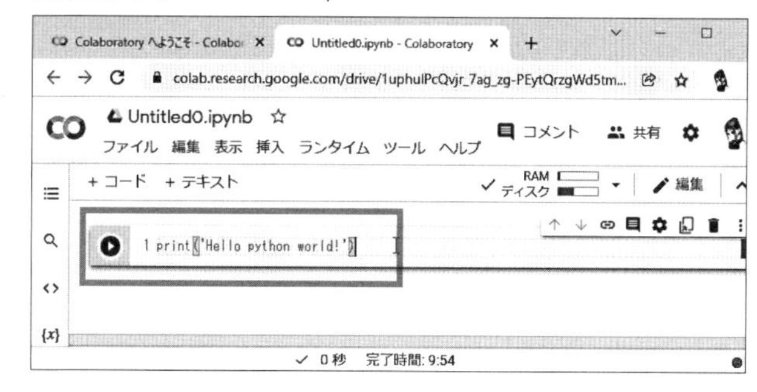

入力が終わったら、実行します。Python は逐次プログラムを実行するインタープリタ型言語なので、このまますぐに実行することができます。実行にはセル横にある横三角マークの実行ボタンを押します（**画面 0-2-9**）。なお、プログラムを実行するには実行するセルをクリックしてから、Ctrl ＋ Enter または shift ＋ Enter でも実行することができます。

画面 0-2-9　実行ボタンを押す

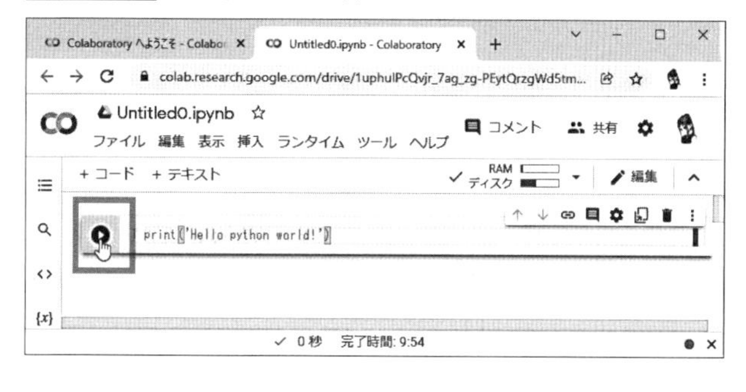

セルの次の行に「Hello python world」と表示されました。Python 初プログラミングは成功です（**画面 0-2-10**）。

画面 0-2-10　実行成功！

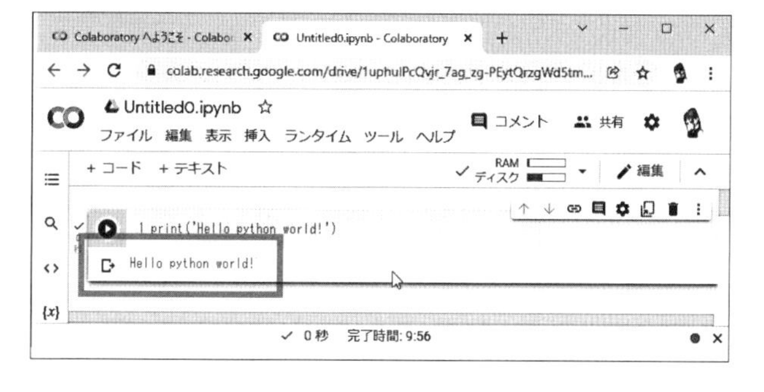

0-2-3-2　ファイル名の変更

現在のファイル名はデフォルトの「Untitled0.ipynb」となっています。保存のために、まずファイル名を変更します。メニューから、ファイル名→名前の変更を選択します（**画面 0-2-11**）。直接「Untitled0.ipynb」をクリックすることでも変更できます。

画面 0-2-11　ファイル名はメニューから変更できる

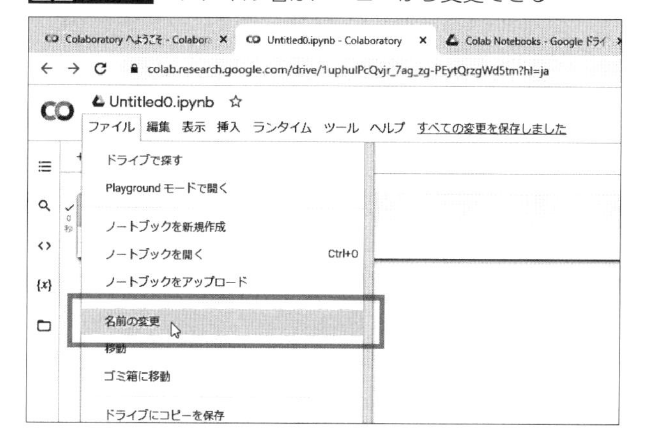

上部にある「Untitled0.ipynb」を「hello_python.ipynb」に変更します(**画面 0-2-12**)。

画面 0-2-12 ファイル名の変更

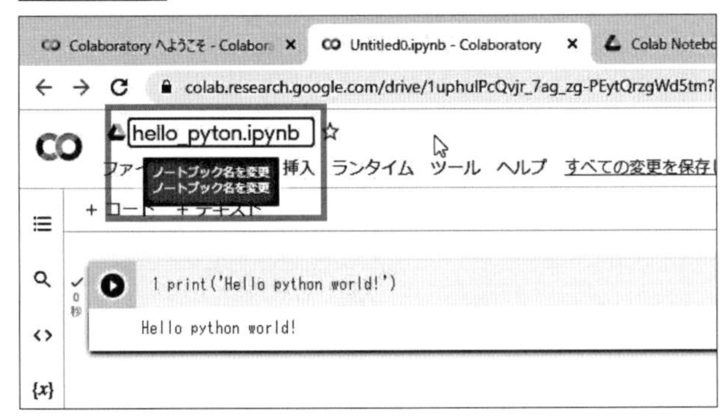

これでファイル名が変更できました。(**画面 0-2-13**) 変更を忘れると Untitled ファイル名が増えて、整理がつかなくなってしまいます。必ず変更するようにしてください。

画面 0-2-13 ファイル名が変更できた

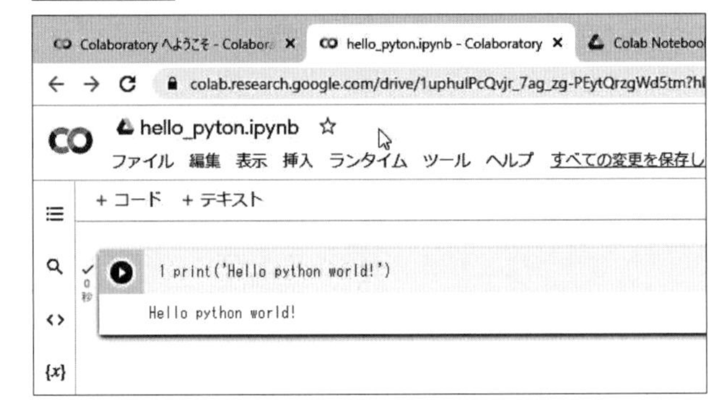

0-2-3-3　ファイルの保存と確認

ファイルを保存します。メニュー→保存を選択します(**画面 0-2-14**)。これで保存できました。

画面 0-2-14 ファイルの保存

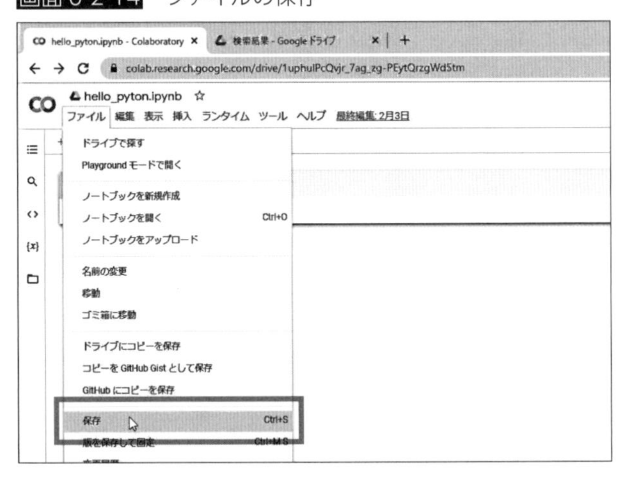

保存したファイルを確認します。メニュー→　ファイル→ドライブで探すを選択します(**画面 0-2-15**)。

画面 0-2-15 保存先ドライブを探す

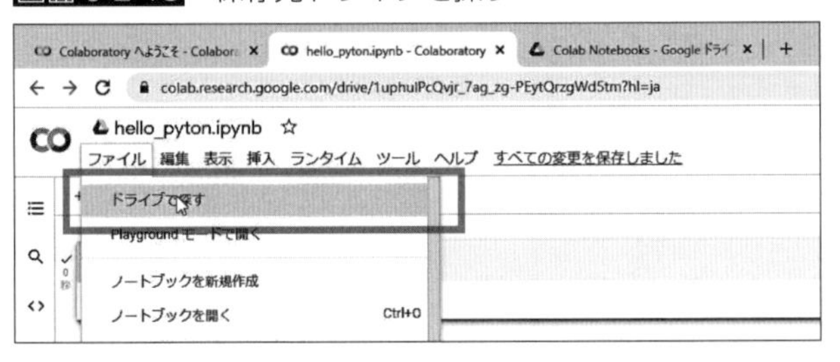

マイドライブのColab Notebooksタブが自動的に開きます。そこにhello_python.ipynbが保存されていることを確認してください（**画面0-2-16**）。

画面0-2-16　マイドライブのColab Notebooksの表示

0-2-3-4　プログラムを複数行に記述する

ノートブックのセルは１行ずつ実行することもできるし、複数行を記述することもできます。ここでは２行目にプログラムを記述します。**リスト0-2-2**を追加してください（**画面0-2-17**）。

《リスト0-2-2》

```
print('大成功')
```

画面0-2-17　セル内複数行プログラム

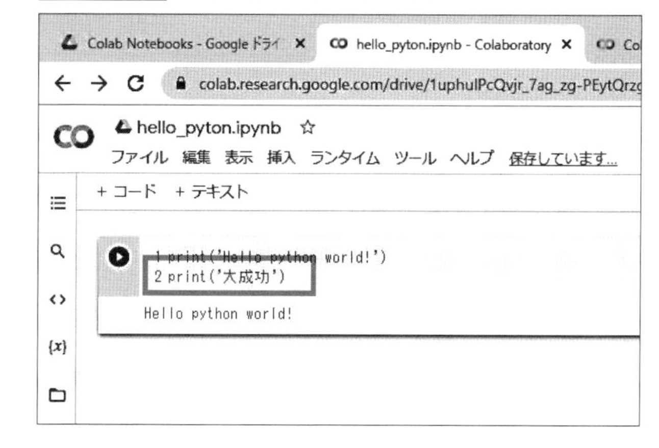

Hello python worldに続いて、「大成功」と表示されれば成功です（**画面0-2-18**）。

画面0-2-18　複数行プログラム実行結果

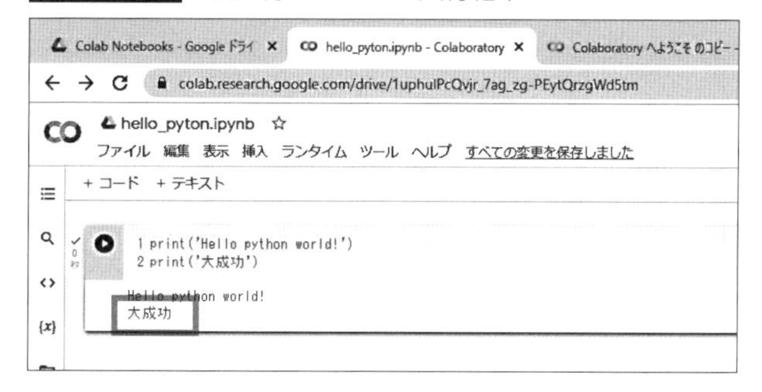

0-2-3-5　プログラムの複数セルへの記述

ノートブックにはプログラムセルを追加できる「＋コード」とテキストを追加できる「＋テキスト」機能があります。＋コードをクリックして、セルを追加します（**画面0-2-19**）。

画面0-2-19　セルの追加

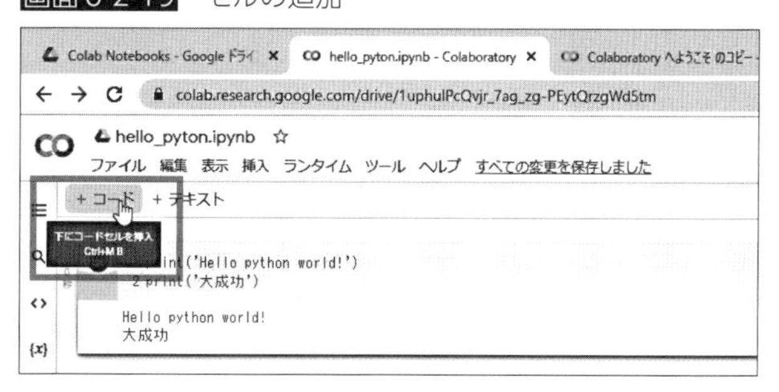

新しくセルが追加されました（**画面 0-2-20**）。

画面 0-2-20　追加されたセル

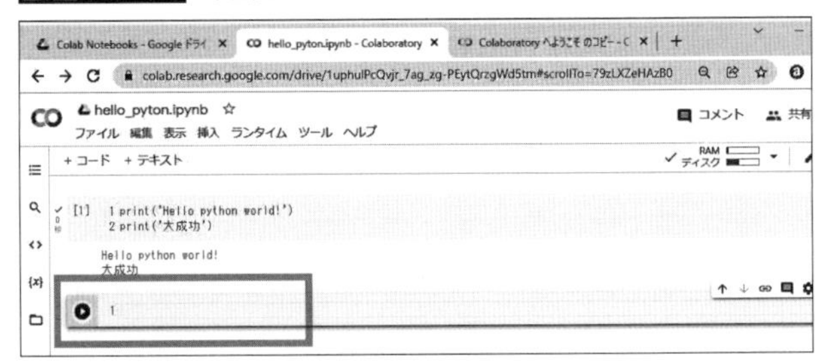

このセルに**リスト 0-2-3** を記述します。何をするプログラムでしょうか（**画面 0-2-21**）。

画面 0-2-21　プログラムの追加

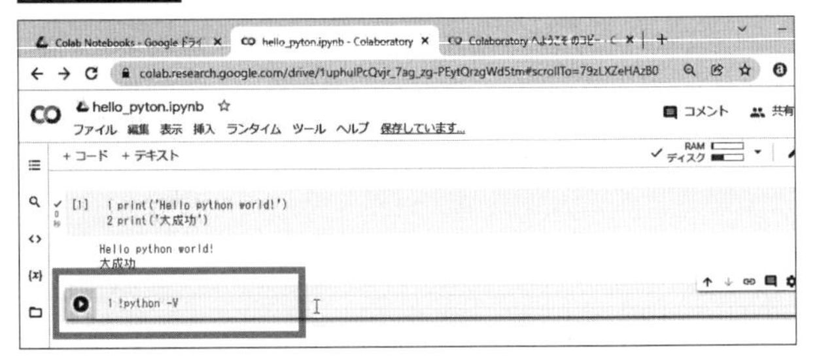

《リスト 0-2-3》

```
!python -V
```

プログラムを実行しましょう。横三角の実行ボタンを押します。Python のバージョンを表示するプログラムでした（**画面 0-2-22**）。

画面 0-2-22　2 セル目の実行結果

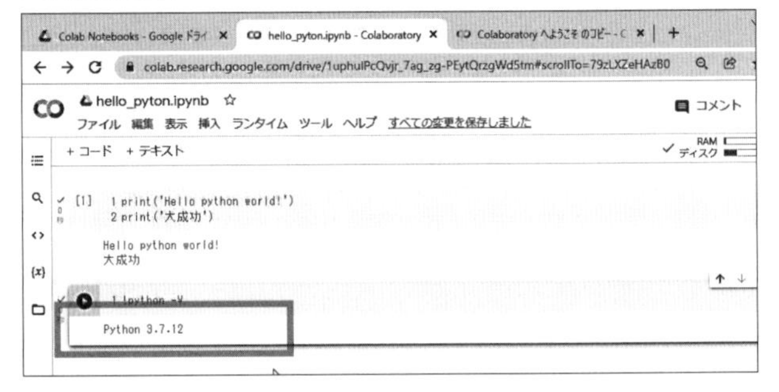

0-2-3-6　修正保存とドライブの確認

プログラムを修正したので、保存します。メニュー→　ファイル→　保存　と選択します（**画面 0-2-23**）。

画面 0-2-23　上書き保存

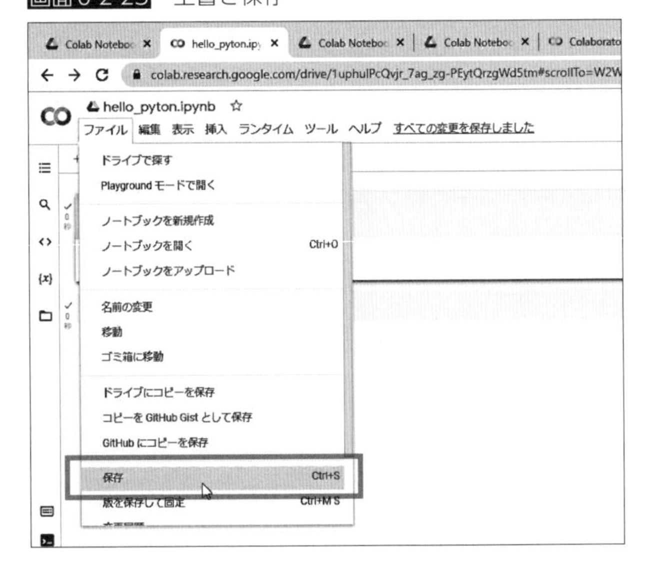

ちゃんと保存されたかどうか確認します。メニュー→　ファイル→　ドライブで探す　を選択します(**画面 0-2-24**)。

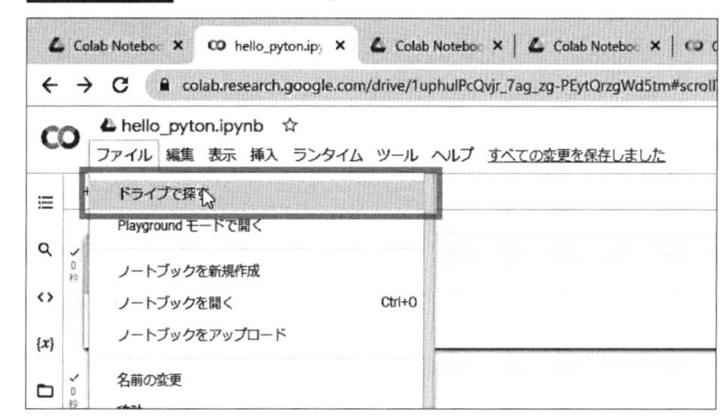

画面 0-2-24　ドライブで探す

マイドライブ内の Colab Notebooks が表示されました。hello_python.ipynb の最終更新日時が書き換わっていることを確認します(**画面 0-2-25**)。

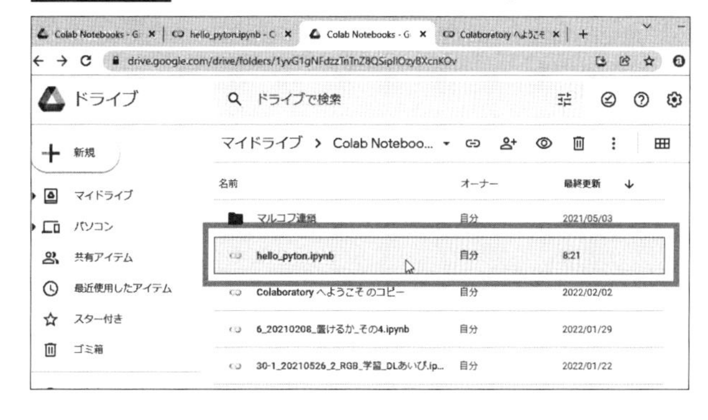

画面 0-2-25　マイドライブの Colab の表示

0-2-3-7　プログラムの変更

セル内プログラムを変更しましょう。1 セル目 2 行目 ' ' 内を好きなメッセージに書き換えます (**リスト 0-2-4**, **画面 0-2-26**)。なお、プログラム横三角下にある四角部分をクリックすると、実行結果を消すことができます。

《リスト 0-2-4》

```
print(' 全てのセルを実行中 ')
```

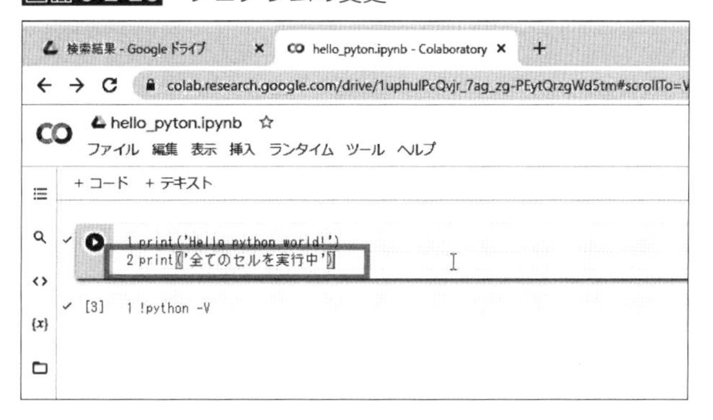

画面 0-2-26　プログラムの変更

全てのセルを実行します。メニュー→　ファイル→　全てのセルを実行　を選択します(**画面 0-2-27**)。

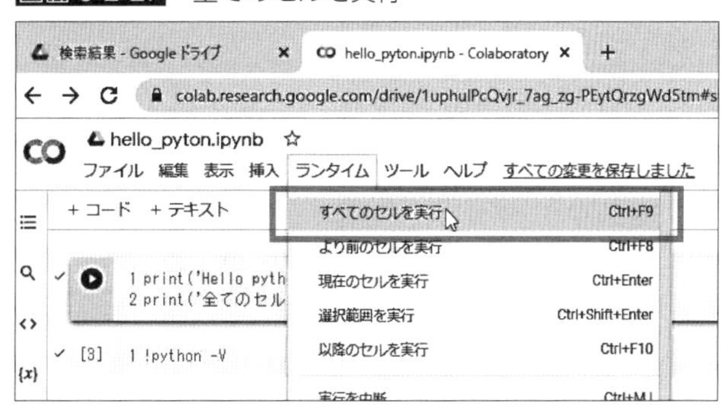

画面 0-2-27　全てのセルを実行

1セル、2セルともに実行されて、結果が表示または更新されました(**画面0-2-28**)。プログラムを保存してください。

画面0-2-28 全てのセルの実行結果

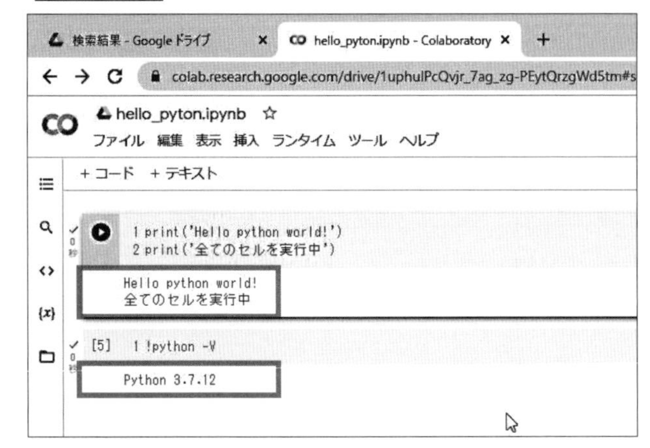

0-2-3-8 Google ドライブとの関係

一度 Colab を利用すると Google ドライブから Colab に入れるようになります。Google メニュー黒点 9 つ→ ドライブを選択します(**画面0-2-29**)。

画面0-2-29 Google ドライブの選択

Google ドライブ内のマイドライブに入りました。Colab Notebooks フォルダがあることを確認してください(**画面0-2-30**)。

画面0-2-30 Colab Notebooks の確認

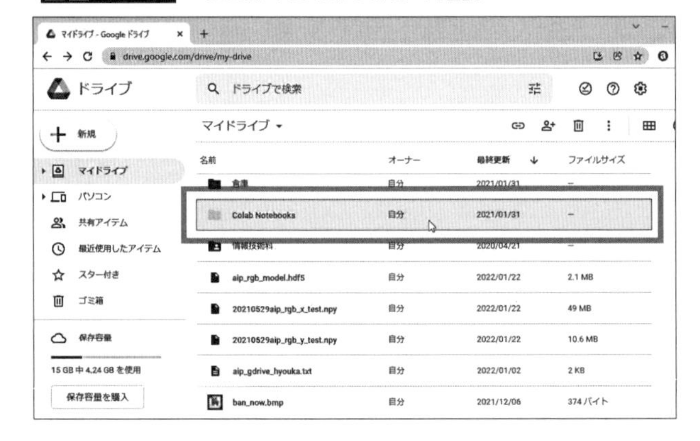

Colab Notebooksフォルダ内にはhello_python.ipynbファイルがあることを確認してください（**画面0-2-31**）。Pythonプログラムは必ずしもColab Notebooks内に保存する必要はありません。慣れてきたら自分の好きな名前のフォルダを作って保存してください。

画面0-2-31　hello_python.ipynbの確認

ここまでGoogle Colaboratory環境によるPythonプログラミング方法を紹介しました。他にも便利な機能があります。使いながらお試しください。紹介した操作方法は2022年5月時点のものです。突然の仕様変更などがあるかもしれませんので、あらかじめご承知おきください。

コラム1　多様な人工知能AIプログラムプラットフォーム

人工知能AIが脚光を浴びはじめると、自分でも試してみたくなります。筆者も「さあやるぞっ」とばかりに数年前から挑戦しています。人工知能AIをやるならPythonが最適！との評判に従い、パソコンをプラットフォームとしてPythonを動かすことから始めましたが、この時は環境構築に見事に失敗しました。パソコンがだめならと次に試したプラットフォームがラズベリーパイ、通称ラズパイです。「はじめに」に紹介したとおり、ラズパイでようやくPythonになじむことができ、人工知能AIプログラミングの基礎を一通り試すことができました。

お次のプラットフォームはJetbotです。ラズパイのライバルともいえる小型コンピュータJetson nanoを搭載した車型ロボットです。ロボットがプラットフォームというのも時代の変化を感じます。JetbotはPythonでAIプログラムを記述します。Jetbotに接続したパソコンからアクセスします。この環境がJupyter Notebookです。Google Colabratoryと基本的に同じなので、本書を執筆する際にも大いに参考になりました。

JetbotはPythonによる人工知能AIプログラミングを施し、手動走行させてカメラ映像とステアリングデータを紐づけて収集し、ディープラーニングします。この結果を利用して人工知能AIが自動操縦します。多数のコースデータを蓄積・学習すると人工知能AIによるコーストレースに成功しました。本書においてリバーシ盤面を学習させる発想はJetbotから得ています。

様々なプラットフォームを試した結果、本書ではインターネットに接続できるパソコンさえあれば誰でも気軽にPython人工知能AIプログラミングを試すことができるGoogle Colaboratoryをプラットフォームとして採用しました。Jupyter Notebookを使い慣れたおかげでGoogle Colabにもすぐになじむことができました。ラズパイ、Jetbot、リバーシ、全く関係ないこれらのアイテムが人工知能AIによって結びつきました。人工知能AIって面白いですね。

第1章

リバーシ盤の準備

1-1 リバーシ盤面を準備する

リバーシ Python 版の制作を始めましょう。リバーシ盤面の初期化から始めます。

1-1-1　リバーシのルール

リバーシはご存知だと思いますが、正式なルールは知られていないかもしれませんので、一般的なルールを (1) ～ (8) に掲げました。確認しておいてください。本書でもこのルールに準拠してプログラムを記述します。

【リバーシのルール】

(1) リバーシ盤面は縦を数字 1 ～ 8、横をアルファベット A ～ F で表す。
(2) 8 × 8 のボードに 4 個の白黒石が置いてある。D4 を白として、交互に置く。
(3) 黒を先手、白を後手とし、交互に白黒の石を置く。
(4) 石は、自分の石で相手の石を 1 個以上挟める場所に置くことができる。挟む方向は、縦横斜めいずれでも良い。
(5) 挟まれた石はひっくり返される。
(6) 石を置く場所がない場合にのみパスすることができる。
(7) 石を置ける場合にはパスできない。
(8) 両者が石を置けなくなった場合にゲーム終了とする。
(9) ゲーム終了後に石の数が多い方を勝ちとする。

1-1-2　リバーシ盤面の初期化について

人間がリバーシを始める際には、リバーシ盤をテーブルの上に置き、白と黒の駒を 2 枚ずつ定められた場所に置くのが盤面の初期化です（**図 1-1-1**）。縦を y、横を x とすると、y：1 ～ 8、x：A ～ H で表します。リバーシゲームでは A4 のように横 x：A ～ H、縦 y：1 ～ 8 として表現します。Python では配列を、yx ともに 1 ～ 8 で表現します。

図 1-1-1　リバーシ盤面の初期化

	A	B	C	D	E	F	G	H
1	1,1	1,2	1,3	1,4	1,5	1,6	1,7	1,8
2	2,1							
3	3,1							
4	4,1			白	黒			
5	5,1			黒	白			
6	6,1							
7	7,1							
8	8,1							8,8

1-1-3　プログラムの作成

ルールに基づいてリバーシ盤面を Python により初期化します。最初はなるべく簡単な盤面として、プログラムを簡単にします。

1-1-3-1　numpy 配列

numpy（ナムパイと読むことが多いようです）配列を利用して、リバーシ盤面を格納する配列を準備します。numpy 配列を使えるようにライブラリを取り込み、np を代表名とします。以後使う場合は、np をつければ numpy 配列になります。

numpy 配列は Python 特有の配列です。便利な機能をたくさん持っている Python 独自の配列です。C 言語には機能を持つ配列はなかったために、最初は驚くと思います。numpy はプログラムをわかりやすく記述するのにとても役立ちます。他言語の解説本では配列の扱い方は比較的後から出てくることが多いのですが、Python では numpy 配列はお世話になることが多いので最初から紹介します。便利なものはどんどん使いましょう（**リスト 1-1-1**)。

《リスト 1-1-1》numpy 配列

```
import numpy as np
```

1-1-3-2　変数定義

白黒は数字で表現しますが、わかりにくいので WHITE=1、BLACK=2 と定義します。以後は、WHITE、BLACK を使います（**リスト 1-1-2**)。

《リスト 1-1-2》変数定義

```
WHITE=1
BLACK=2
```

1-1-3-3　配列の準備

board という名前で 0 ～ 9 の 10 × 10 の 2 次元配列を準備します。リバーシ盤面として使うのは、1 ～ 8 の 8 × 8 です。これは筆者が 0 ～ 7 の 8 個よりも 1 ～ 8 の 8 個のほうが考えやすいと思ったからです。他の配列要素は予備とします。

同時に全部の配列要素に 0 を入れて初期化します。numpy 配列を使うと二重ループを使わなくても簡単にゼロイニシャライズができます。np がついているので numpy 配列であることがわかります（**リスト 1-1-3**)。

《リスト 1-1-3》配列の準備

```
board=np.zeros([10,10])
```

1-1-3-4　駒の初期設定

定義した board 配列に白黒の駒を初期位置にセットします（**リスト 1-1-4**)。

《リスト 1-1-4》コマの初期設定

```
board[4,4]=WHITE  〈D4 に白駒セット〉
board[5,5]=WHITE  〈E5 に白駒セット〉
board[5,4]=BLACK  〈D5 に黒駒セット〉
board[4,5]=BLACK  〈E4 に黒駒セット〉
```

1-1-3-5　配列の表示

定義した配列 board は print により簡単に全ての内容を表示することができます。' ¥n' はなくても標準で改行しますが、もう１行改行するために付加します（**リスト 1-1-5**)。

《リスト 1-1-5》配列の表示

```
print(board,'¥n')
```

1-1-4　プログラムリスト

プログラム全体を示します。プログラムは１つのセルに入力します。別々のセルに入力すると１行ずつ実行します（**リスト 1-1-6**)。

《リスト 1-1-6》リバーシ盤面初期化プログラム

```
import numpy as np  〈numpy 配列の使用宣言〉

WHITE=1  〈白駒の定義〉
BLACK=2  〈黒駒の定義〉

board=np.zeros([10,10])  〈board 配列のゼロリセット〉
print(' 盤面ゼロリセット ')
print(board,'¥n')  〈ゼロリセット時盤面表示〉

board[4,4]=WHITE  〈白駒の盤面初期位置セット〉
board[5,5]=WHITE
board[5,4]=BLACK  〈黒駒の盤面初期位置セット〉
board[4,5]=BLACK

print(' 盤面初期化 ')
print(board,'¥n')  〈駒セット後の盤面表示〉
```

1-1-5　実行結果

それでは実行しましょう。プログラムを入力したセルをクリック→　実行ボタンまたは Ctrl + Enter または shift + Enter により実行します。実行後、真ん中 4 つに 1＝白と 2＝黒がセットされました（**図 1-1-2**）。表示はまだ素っ気ないです。

図 1-1-2　盤面初期化実行結果

```
盤面ゼロリセット
[[0. 0. 0. 0. 0. 0. 0. 0. 0. 0.]
 [0. 0. 0. 0. 0. 0. 0. 0. 0. 0.]
 [0. 0. 0. 0. 0. 0. 0. 0. 0. 0.]
 [0. 0. 0. 0. 0. 0. 0. 0. 0. 0.]
 [0. 0. 0. 0. 0. 0. 0. 0. 0. 0.]
 [0. 0. 0. 0. 0. 0. 0. 0. 0. 0.]
 [0. 0. 0. 0. 0. 0. 0. 0. 0. 0.]
 [0. 0. 0. 0. 0. 0. 0. 0. 0. 0.]
 [0. 0. 0. 0. 0. 0. 0. 0. 0. 0.]
 [0. 0. 0. 0. 0. 0. 0. 0. 0. 0.]]

盤面初期化
[[0. 0. 0. 0. 0. 0. 0. 0. 0. 0.]
 [0. 0. 0. 0. 0. 0. 0. 0. 0. 0.]
 [0. 0. 0. 0. 0. 0. 0. 0. 0. 0.]
 [0. 0. 0. 0. 0. 0. 0. 0. 0. 0.]
 [0. 0. 0. 0. 1. 2. 0. 0. 0. 0.]
 [0. 0. 0. 0. 2. 1. 0. 0. 0. 0.]
 [0. 0. 0. 0. 0. 0. 0. 0. 0. 0.]
 [0. 0. 0. 0. 0. 0. 0. 0. 0. 0.]
 [0. 0. 0. 0. 0. 0. 0. 0. 0. 0.]
 [0. 0. 0. 0. 0. 0. 0. 0. 0. 0.]]
```

1-2 リバーシ盤面の関数化

リバーシ盤面初期化プログラムはうまく実行できましたか。ここではリバーシ盤面らしく横x軸にA～H、縦Y軸に1～8を表示します。また、白駒を' W'、黒駒を' B' と表示し、何も入っていない部分は' - 'を表示します。盤面初期化と盤面表示を関数化して、使いやすくしましょう。

1-2-1　インデントについて

プログラムを見やすくするために、インデントを付けるのは多くのプログラマが実行しています。初期の頃はとにかくプログラムが動けばいいとばかりに、見やすさは二の次となりがちでした。また他人にプログラムを解読されにくくするためにわざわざ隙間なく書き換えることも行われていたようです。

複数のプログラマがチームを作って大規模プログラムを開発するようになると、他の人に理解しやすいプログラムを書くことが求められます。それを実現する一つの方法が構造化プログラミングです。C言語では if や while・関数の範囲は {} で示すことができますが、適切な段付＝インデントや空白を入れることでプログラムをわかりやすくすることも構造化の一つです。

C言語を習い始めた頃、構造化の意味がわからなくてもせめてインデントをつけなさい、と言われませんでしたか。それほどにインデントはわかりやすいプログラムのために大切です。ただC言語はインデントが間違っていても動作します。

Python のインデントは文法の一部分です。インデントで同じレベルであることを示します。したがって、インデントを間違うと誤動作してしまいます。Colab 環境ではある程度はオートインデントが働きますが、慣れないうちはインデントを意識してつけるようにすることが Python プログラミング上達のコツになります。特に指定がなければインデントは半角空白4つとしてください。

このプログラムでは関数内でインデントを使っています。見本の通り正確にインデントしてください。インデントを間違うと理解し難いエラーに悩むことになります。

1-2-2　プログラムの構成

新しく出てきた部分のみ説明し、既出部分は省略します。

1-2-2-1　A～Hの数値定義

リバーシルールによると横軸xはA～Hで表します。このままでは Python で扱いにくいので、A～Hを1～8に定義して扱いやすくします（**リスト 1-2-1**）。

《リスト 1-2-1》A ～ H の数値定義

```
A=1  〈横軸用に 1 ～ 8 を A ～ H として定義する〉
B=2
C=3
D=4
E=5
F=6
G=7
H=8
```

1-2-2-2 global 変数

Python では全体で使える変数を global 変数、関数内だけで使える変数をローカル変数といいます。numpy 配列として定義する board を global 宣言すると、後で出てくる関数内でも使えるようになります。関数内で内容を変える場合は関数内でも global 宣言する必要があります (**リスト 1-2-2**)。

《リスト 1-2-2》global 変数

```
global board
```

1-2-2-3 関数定義

関数 init_board() です。init_board() を呼び出すとリバーシ盤面が初期化されます。Python の関数は、def 関数名：により宣言します。関数の終了マークはありません。関数内はインデントを付けることで区別されます。インデントを間違えるとプログラムは正常に動作しないので、慣れないうちは特に注意が必要です。関数内で global 宣言することにより配列内を変更することができるようになります (**リスト 1-2-3**)。

《リスト 1-2-3》init_board() 関数

```
def init_board():
    global board  〈関数内配列 board の宣言〉
    print(' ゼロリセット :')
    print(board,'¥n')
    board[4,D]=WHITE  〈白駒を初期位置 D4 にセット〉
    board[5,E]=WHITE  〈白駒を初期位置 E5 にセット〉
    board[5,D]=BLACK  〈黒駒を初期位置 D5 にセット〉
    board[4,E]=BLACK  〈黒駒を初期位置 E4 にセット〉
    print(' オセロ盤の初期化 :')
    print(board,'¥n')  〈board 配列表示〉
```

1-2-2-4 disp_board() 関数

関数 disp_board() です。この関数を呼び出すとリバーシ盤面を表示します。関数内プログラムは別途説明します (**リスト 1-2-4**)。

《リスト 1-2-4》disp_board() 関数

```
def disp_board():
    #盤面表示
    global board 〈board 配列グローバル宣言〉
    board=np.where(board == WHITE,'W', np.where(board==BLACK,'B','-')) 〈白黒表示セット〉
    board[1:9,0]=[1,2,3,4,5,6,7,8] 〈縦 y：1～8 セット〉
    board[0,1:9]=['A','B','C','D','E','F','G','H'] 〈横 x：A～H セット〉
    print(board,'¥n') 〈board 配列表示〉
    print('置いた駒の数:',np.count_nonzero(board)) 〈駒数カウントと表示〉
```

1-2-2-5　盤面表示

numpy 配列機能を利用して board 配列 1 つずつの内容が WHITE(=1) であれば W をセット、BLACK(=2) であれば B をセット、何も入っていなければ (=0)' - 'をセットするプログラムを 1 行で記述しています (**リスト 1-2-5**)。

《リスト 1-2-5》盤面表示

```
board=np.where(board == WHITE,'W', np.where(board==BLACK,'B','-'))
```

1-2-2-6　配列に 1 ～ 8 の数字をセットする

board 配列の 1 行目～ 8 行目の 0 列に 1 ～ 8 をセットします (**リスト 1-2-6**)。

《リスト 1-2-6》数字をセット

```
board[1:9,0]=[1,2,3,4,5,6,7,8]
```

1-2-2-7　配列の A ～ H の文字をセットする

board 配列の 0 行目、1 ～ 8 列に文字 A ～ H をセットします (**リスト 1-2-7**)。

《リスト 1-2-7》文字をセット

```
board[0,1:9]=['A','B','C','D','E','F','G','H']
```

1-2-2-8　置いた駒の数を数える

置いた駒の数を数えます。numpy の機能を使ってスマートに数えます。0 ではない数をカウントすることで駒の数がわかります (**リスト 1-2-8**)。

《リスト 1-2-8》置いたコマの数を数える

```
np.count_nonzero(board)
```

1-2-3　プログラムリスト

説明したプログラム全体を**リスト 1-2-9** に示します。

《リスト 1-2-9》リバーシ盤面初期化関数と表示関数プログラム

```
import numpy as np    〈numpy 配列使用宣言

WHITE=1 〈白駒定義
BLACK=2 〈黒駒定義

A=1  〈x 軸用横 A ～ H 定義
B=2
C=3
D=4
E=5
F=6
G=7
H=8

global board  〈board 配列 global 宣言

board=np.zeros([10,10])  〈board 配列ゼロイニシャライズ

def disp_board():  〈盤面表示関数
    global board  〈変数 global 宣言
print(' 置いた駒の数 :',np.count_nonzero(board),' ¥n' )
    board=np.where(board == WHITE,'W', np.where(board==BLACK,'B','-'))  〈白黒 WB セット
    board[1:9,0]=[1,2,3,4,5,6,7,8]  〈縦 y 表示用 1 ～ 8 セット
    board[0,1:9]=['A','B','C','D','E','F','G','H']  〈横 x 表示用 A ～ H セット
    print(board,'¥n')  〈board 配列表示

def init_board():  〈盤面初期化関数
    global board  〈変数 global 宣言
    print(' ゼロリセット :')
    print(board,'¥n')
    board[4,D]=WHITE  〈白駒初期位置 D4 セット
    board[5,E]=WHITE  〈白駒初期位置 E5 セット
    board[5,D]=BLACK  〈黒駒初期位置 D5 セット
    board[4,E]=BLACK  〈黒駒初期位置 E4 セット
    print(' オセロ盤の初期化 :')
    print(board,'¥n')  〈board 配列表示

# main
init_board()  〈盤面初期化関数実行
disp_board()  〈盤面表示関数実行
```

1-2-3　盤面初期化関数と表示関数の実行結果

盤面表示を関数化し、黒を' B'、白を' W'、何も入っていなければ' - 'と表示できました。(**図 1-2-3**) リバーシ盤面として少しだけ進歩しました。

図 1-2-3　リバーシ盤面初期化関数と表示関数実行結果

```
ゼロリセット:
[[0. 0. 0. 0. 0. 0. 0. 0. 0. 0.]
 [0. 0. 0. 0. 0. 0. 0. 0. 0. 0.]
 [0. 0. 0. 0. 0. 0. 0. 0. 0. 0.]
 [0. 0. 0. 0. 0. 0. 0. 0. 0. 0.]
 [0. 0. 0. 0. 0. 0. 0. 0. 0. 0.]
 [0. 0. 0. 0. 0. 0. 0. 0. 0. 0.]
 [0. 0. 0. 0. 0. 0. 0. 0. 0. 0.]
 [0. 0. 0. 0. 0. 0. 0. 0. 0. 0.]
 [0. 0. 0. 0. 0. 0. 0. 0. 0. 0.]
 [0. 0. 0. 0. 0. 0. 0. 0. 0. 0.]]

オセロ盤の初期化:
[[0. 0. 0. 0. 0. 0. 0. 0. 0. 0.]
 [0. 0. 0. 0. 0. 0. 0. 0. 0. 0.]
 [0. 0. 0. 0. 0. 0. 0. 0. 0. 0.]
 [0. 0. 0. 0. 0. 0. 0. 0. 0. 0.]
 [0. 0. 0. 0. 1. 2. 0. 0. 0. 0.]
 [0. 0. 0. 0. 2. 1. 0. 0. 0. 0.]
 [0. 0. 0. 0. 0. 0. 0. 0. 0. 0.]
 [0. 0. 0. 0. 0. 0. 0. 0. 0. 0.]
 [0. 0. 0. 0. 0. 0. 0. 0. 0. 0.]
 [0. 0. 0. 0. 0. 0. 0. 0. 0. 0.]]

置いた駒の数: 4

[['-' 'A' 'B' 'C' 'D' 'E' 'F' 'G' 'H' '-']
 ['1' '-' '-' '-' '-' '-' '-' '-' '-' '-']
 ['2' '-' '-' '-' '-' '-' '-' '-' '-' '-']
 ['3' '-' '-' '-' '-' '-' '-' '-' '-' '-']
 ['4' '-' '-' '-' 'W' 'B' '-' '-' '-' '-']
 ['5' '-' '-' '-' 'B' 'W' '-' '-' '-' '-']
 ['6' '-' '-' '-' '-' '-' '-' '-' '-' '-']
 ['7' '-' '-' '-' '-' '-' '-' '-' '-' '-']
 ['8' '-' '-' '-' '-' '-' '-' '-' '-' '-']
 ['-' '-' '-' '-' '-' '-' '-' '-' '-' '-']]
```

第2章

駒を置けるか判定する

2-1 駒を置けるか判定する手順
2-2 C3 に黒が置けるかどうか考える
2-3 置けるかどうか Python プログラムで解決する
2-4 置けるかどうかの判定部分を関数化する
2-5 置けるかどうか 8 方向を調査する
2-6 置けるかどうか白のターンも有効にする
2-7 okeruka() 関数を完成させる
2-8 置く位置をキーボードより入力する
2-9 プログラムを整えて完成

2-1 駒を置けるか判定する手順

リバーシ盤面を準備しながら Python プログラミングの基本を試してきました。ここからはリバーシを実現するためのプログラミングを模索します。

2-1-1　置けるかどうかの考え方

リバーシは黒白が交互に駒を置きます。黒先攻が原則です。同じ色の駒で相手の駒をはさむとひっくり返すことができます。これを繰り返すことによりゲームが進行します。

最初のステップとして目指す場所に自分の駒が置けるかどうかを判定するプログラムを考えましょう。人間は一瞬で適切にまた適当に判断することができますが、Python で実現するには駒が置けるかどうか判明するまでには調べなくてはならないことがけっこうたくさんあります。

2-1-2　駒位置の呼び方について

リバーシでは C3、D4 のように、横 x: アルファベット⇒　縦 y: 数字　の順番で位置を表します。プログラムでは配列を board[y,x] と記述します。

先に y が来ているのは x を横軸に使うためです。実はずっと x,y と表していたのですが、これだと x が縦軸になってしまい、考えにくいので、y,x と表現するように変更しました。

2-1-3　置けるかどうかを判定する手順

リバーシ盤面で考えましょう (**図 2-1-1**)。黒●、白○です。黒のターンとします。C3 に黒が置けるかどうかを調査するプログラムを考えます。

置けるかどうか次の手順により判定します。重複していますが、D4 は⑧です。

(1)C3 が空きかどうか⇒　空きでない＝置けない

(2) 次に周囲の①～⑧について状態を調べます。⑧にはすでに白が置かれています。

まずは① B2 について調べます。

①が空き　　　⇒置けない　　　はさめないから

①に黒がある　⇒置けない　　　はさめないから

①に白がある

・A1 が白　⇒置けない　　　はさめないから

・A 1が黒⇒置ける　　　はさめます

図 2-1-1　判定するリバーシ盤面

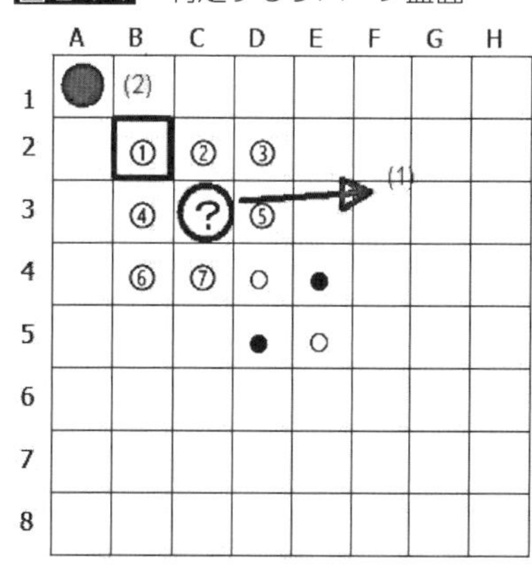

以上の条件をプログラムすることで置けるかどうか調査

します。

変数 okeru_flag を定義し、
置ける =1・置けない =0
を代入します。

2-1-4　Python 構文の説明

使用する Python プログラミング構文を説明します。

2-1-4-1　注釈文

```
# をつけるとその１行が注釈文となります。
# 初期化部分省略

""" で囲むと複数行を注釈文にすることができます。
"""
関数内省略
"""
```

2-1-4-2　変数

Python は変数を使う際にあらかじめ使用宣言や型宣言する必要がありません。使用の際に自動的に型が決められます。これはとても便利なのですが、思った通りの型にならずにあれっと思う場合もあります。

2-1-4-3　if 文

Python では if 条件の終わりに：を付けます。次行の実行文はインデント＝段付けすることで判断されます。このインデントは非常に大切です。インデント位置が違っているとエラーとなり実行できなくなるか、意図せぬ動きとなり、間違いを見つけるのに四苦八苦します。

① if 文に記述する演算子は C 言語とほぼ同じです。

等しい：＝＝
等しくない：！＝
大・小比較：＞＜
以上・以下：＞＝、＜＝

② if 条件の行末には：が必須です。
③ if ～：、elif ～：
elif であることに注意してください。C 言語のくせで else if と書いてしまい、エラーの意味がわからずに戸惑うことが多いです。

2-1-5　プログラムの構成

Python プログラムへの構成方法を説明します(**リスト 2-1-5-1 ～ 4**)。

2-1-5-1　C3 が空きでなければ、置けない(リスト 2-1-1)

《リスト 2-1-1》C3 が空きでない

```
if board[3,C]!=NONE:  〈C3 が空きでなければ置けない〉
  okeru_flag=0
```

2-1-5-2　B2 に何もなければ、置けない(リスト 2-1-2)

《リスト 2-1-2》B2 に何もない

```
if board[2,B]==NONE:  〈B2 に何もなければ置けない〉
  okeru_flag=0
```

2-1-5-3　B2 が黒なら、置けない(リスト 2-1-3)

《リスト 2-1-3》B2 が黒

```
if board[2,B]==BLACK:  〈B2 が黒なら置けない〉
  okeru_flag=0
```

2-1-5-4　B2 が白の場合 (リスト 2-1-4)

《リスト 2-1-4》B2 が白

```
if board[2,B]==WHITE:  〈B2 が白〉
  if board[1,A]==WHITE:  〈かつ　A1 が白　置けない〉
    okeru_flag=0
  elif board[1,A]==BLACK :  〈かつ A1 が黒　置ける〉
    okeru_flag=1
```

2-1-6　プログラムリスト

プログラム全体は**リスト 2-1-5** です。既出部分は省略しています。

《リスト 2-1-5》

```
import numpy as np  〈numpy 配列定義〉
# 初期化部分省略  〈リスト 1-2 参照〉

def disp_board():  〈盤面表示関数〉
関数内省略  〈リスト 1-2-9 参照〉
```

```
def init_board():  〈盤面初期化関数〉
# 関数内省略  〈リスト 1-2-9 参照〉

# main  メインプログラム
init_board()  〈盤面初期化〉
disp_board()  〈盤面の表示〉

turn=BLACK  〈黒のターン C3 に置く〉
oku_y=3  〈置く位置 y：3 セット〉
oku_x=C  〈置く位置 x：C セット〉

okeru_flag=0
if board[3,C]!=NONE:  〈C3 に駒があれば、置けない〉
  okeru_flag=0

# 1
if board[2,B]==NONE:  〈B2 に駒がなければ、置けない〉
  okeru_flag=0
if board[2,B]==BLACK:  〈B2 が黒駒ならば、置けない〉
  okeru_flag=0
if board[2,B]==WHITE:  〈B2 が白駒がある〉
  if board[1,A]==WHITE:  〈かつ A1 が白駒ならば、置けない〉
    okeru_flag=0
  elif board[1,A]==BLACK :  〈かつ A1 が黒駒ならば、置ける〉
    okeru_flag=1

if okeru_flag==0:
  print(' 置けない :',okeru_flag,'¥n')  〈置けない表示〉
else:
  print(' 置ける :',okeru_flag,'¥n')  〈置ける表示〉
```

2-1-7　実行結果

C3 に置けるかどうかは、実行結果のとおり、置けないと判定されました (図 2-1-2)。

図 2-1-2　①調査結果

```
 [0. 0. 0. 0. 0. 0. 0. 0. 0. 0.]
 [0. 0. 0. 0. 0. 0. 0. 0. 0. 0.]
 [0. 0. 0. 0. 0. 0. 0. 0. 0. 0.]
 [0. 0. 0. 0. 0. 0. 0. 0. 0. 0.]]

オセロ盤の初期化:
[[0. 0. 0. 0. 0. 0. 0. 0. 0. 0.]
 [0. 0. 0. 0. 0. 0. 0. 0. 0. 0.]
 [0. 0. 0. 0. 0. 0. 0. 0. 0. 0.]
 [0. 0. 0. 0. 0. 0. 0. 0. 0. 0.]
 [0. 0. 0. 0. 1. 2. 0. 0. 0. 0.]
 [0. 0. 0. 0. 2. 1. 0. 0. 0. 0.]
 [0. 0. 0. 0. 0. 0. 0. 0. 0. 0.]
 [0. 0. 0. 0. 0. 0. 0. 0. 0. 0.]
 [0. 0. 0. 0. 0. 0. 0. 0. 0. 0.]
 [0. 0. 0. 0. 0. 0. 0. 0. 0. 0.]]

[['-' 'A' 'B' 'C' 'D' 'E' 'F' 'G' 'H' '-']
 ['1' '-' '-' '-' '-' '-' '-' '-' '-' '-']
 ['2' '-' '-' '-' '-' '-' '-' '-' '-' '-']
 ['3' '-' '-' '-' '-' '-' '-' '-' '-' '-']
 ['4' '-' '-' '-' 'W' 'B' '-' '-' '-' '-']
 ['5' '-' '-' '-' 'B' 'W' '-' '-' '-' '-']
 ['6' '-' '-' '-' '-' '-' '-' '-' '-' '-']
 ['7' '-' '-' '-' '-' '-' '-' '-' '-' '-']
 ['8' '-' '-' '-' '-' '-' '-' '-' '-' '-']
 ['-' '-' '-' '-' '-' '-' '-' '-' '-' '-']]

置いた駒の数: 4
置けない: 0
```

2-2 C3 に黒が置けるかどうか考える

2-1-3 の①の調査はできましたか。エラーが出て動かない場合は、打ち間違いやインデントミスを確認してください。

2-2-1　今回考えること

C3 に黒が置けるかどうかを調査するプログラムを続けます。**図 2-2-1** の② C2 の状態について調査します。

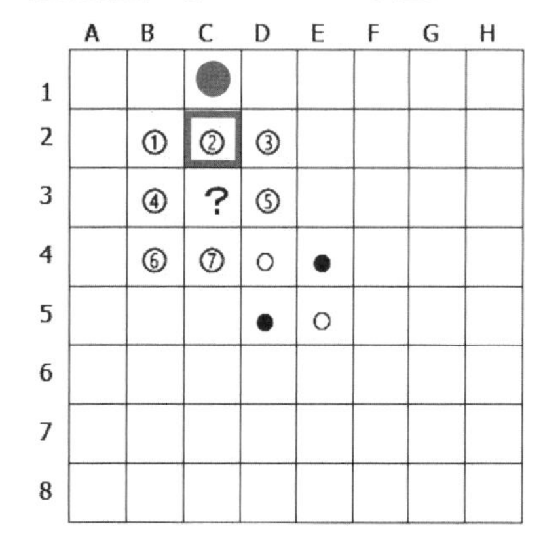

図 2-2-1　② C2 について調査する

2-2-2　考えかた

考えかたは①の調査と同じです。

②が空き⇒　置けない
②に黒がある⇒　置けない
②に白がある
　・C1 が白⇒　置けない
　・C1 が黒⇒　置ける

変数 okeru_flag を定義し、置ける =1・置けない =0 を代入します。

これで① B2、② C2 についての調査は完了です。**リスト 2-1-1** を参考にして②に置けるかどうかのプログラムを考えてください。

2-2-3　プログラムリスト

プログラム全体は**リスト 2-2-1** です。同じ部分は省略しています。

C2 の部分に②の調査について記述しています。ほとんど同じですね。

《リスト 2-2-1》

```
import numpy as np

# 初期化部分省略 〈リスト 1-2-9 参照

def disp_board():
# 関数内省略 〈リスト 1-2-9 参照

def init_board():
# 関数内省略 〈リスト 1-2-9 参照

# main
init_board() 〈リバーシ盤面初期化
disp_board() 〈盤面表示

turn=BLACK 〈黒のターンセット
okeru_flag=0 〈okeru フラグ 0 セット
oku_y=3 〈C3 に置く
oku_x=C

if board[3,C]!=NONE: 〈C3 が空きでなければ、置けない
  okeru_flag=0

# ① B2 に置けるかどうか
  〈↑リスト 2-1-5 参照

# ② C2 に置けるかどうか
if board[2,C]==NONE : 〈C2 に何もなければ、置けない
  okeru_flag=0
if board[2,C]==BLACK: 〈C2 が黒ならば、置けない
  okeru_flag=0
if board[2,C]==WHITE: 〈C2 が白で、
       if board[1,C]==WHITE: 〈C1 が白ならば、置けない
         okeru_flag=0
       elif board[1,C]==BLACK: 〈C1 が黒ならば、置ける
         okeru_flag=1

if okeru_flag==0: 〈置けない場合の表示
  print(' 置けない :',okeru_flag,'¥n')
else:
  print(' 置ける :',okeru_flag,'¥n') 〈置ける場合の表示
```

2-2-4 C3 に黒が置けるかのプログラムの実行結果

okeru_flag=0 図 2-2-2 の通り、置けないと調査の結果判定されました。

図 2-2-2 ②調査結果

```
 [0. 0. 0. 0. 0. 0. 0. 0. 0. 0.]
 [0. 0. 0. 0. 0. 0. 0. 0. 0. 0.]
 [0. 0. 0. 0. 0. 0. 0. 0. 0. 0.]
 [0. 0. 0. 0. 0. 0. 0. 0. 0. 0.]]

オセロ盤の初期化:
[[0. 0. 0. 0. 0. 0. 0. 0. 0. 0.]
 [0. 0. 0. 0. 0. 0. 0. 0. 0. 0.]
 [0. 0. 0. 0. 0. 0. 0. 0. 0. 0.]
 [0. 0. 0. 0. 0. 0. 0. 0. 0. 0.]
 [0. 0. 0. 0. 1. 2. 0. 0. 0. 0.]
 [0. 0. 0. 0. 2. 1. 0. 0. 0. 0.]
 [0. 0. 0. 0. 0. 0. 0. 0. 0. 0.]
 [0. 0. 0. 0. 0. 0. 0. 0. 0. 0.]
 [0. 0. 0. 0. 0. 0. 0. 0. 0. 0.]
 [0. 0. 0. 0. 0. 0. 0. 0. 0. 0.]]

[['-' 'A' 'B' 'C' 'D' 'E' 'F' 'G' 'H' '-']
 ['1' '-' '-' '-' '-' '-' '-' '-' '-' '-']
 ['2' '-' '-' '-' '-' '-' '-' '-' '-' '-']
 ['3' '-' '-' '-' '-' '-' '-' '-' '-' '-']
 ['4' '-' '-' '-' 'W' 'B' '-' '-' '-' '-']
 ['5' '-' '-' '-' 'B' 'W' '-' '-' '-' '-']
 ['6' '-' '-' '-' '-' '-' '-' '-' '-' '-']
 ['7' '-' '-' '-' '-' '-' '-' '-' '-' '-']
 ['8' '-' '-' '-' '-' '-' '-' '-' '-' '-']
 ['-' '-' '-' '-' '-' '-' '-' '-' '-' '-']]

置いた駒の数: 4
置けない: 0
```

2-3 置けるかどうか Python プログラムで解決する

これまでに①と②の場所について調べました。

C3 に置けるかどうか判定するには、①〜⑧まで全て調べる必要があります（図 2-3-1）。その結果、okeru_flag=1 となれば C3 に黒を置くことができると判定できます。これを①〜⑧について記述するのはいくらなんでも面倒ですね。Python によるプログラムを駆使して解決しましょう。

図 2-3-1　①〜⑧を調査する

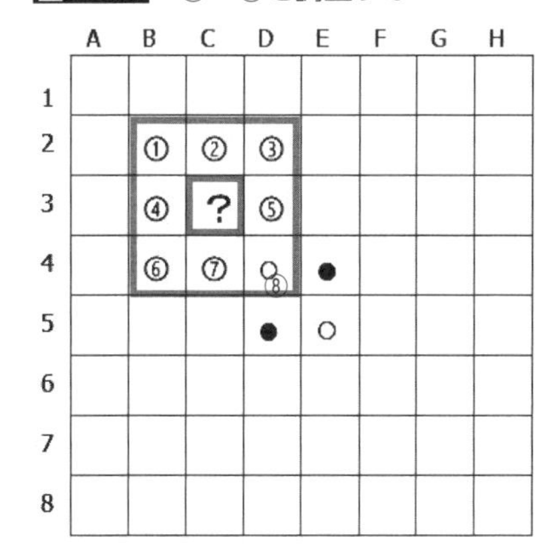

2-3-1　相対差分による定義

置きたい駒の周囲を、＋・－の相対差分により定義します（図 2-3-2）。

図 2-3-2　コマの周囲の相対差分定義

	-1	0	+1
-1	-1,-1 ①	-1,0 ②	-1,1 ③
0	0,-1 ④	0,0	0,1 ⑤
+1	1,-1 ⑥	1,0 ⑦	1,1 ⑧

2-3-1-1　相対差分を numpy 配列によりプログラミング

-1, -1 から上から順に左から右に定義します。相対差分を入れる配列を定義します（リスト 2-3-1）。

《リスト 2-3-1》相対差分

```
shui_y=np.array([0,-1,-1,-1, 0,0, 1,1,1]) 〈[1~ 8]〉
shui_x=np.array([0,-1,  0, 1,-1,1,-1,0,1]) 〈[1~ 8]〉
```

2-3-1-2　①〜⑧を相対差分により定義（リスト 2-3-2）

《リスト 2-3-2》相対差分による定義

```
① shui_y[1]=-1,shui_x[1]=-1
② shui_y[2]=-1,shui_x[2]=0
      ・
      ・
      ・
⑦ shui_y[7]=1,shui_x[7]=0
⑧ shui_y[8]=1,shui_x[8]=1　白がすでに置いてあります
```

2-3-1-3　置きたい場所を oku_x、oku_y とする

C3 に置くとすると C3 ＝ 3・3 なので、次のようになります（リスト 2-3-3）。

《リスト 2-3-3》置きたい場所

```
oku_x=3
oku_y=3
```

2-3-1-4　① B2 を調べる

この位置を temp_x、temp_y とすると、C3 から -1，-1 の位置にあるので、次のようになります（**リスト 2-3-4**）。

《リスト 2-3-4》相対差分による表示

```
shui_y[1]=-1
shui_x[1]=-1

temp_x=oku_x+shui_x[1] ＝ 3+(-1)=2
temp_y=oku_y+shui_y[1] ＝ 3+(-1)=2

=>　(temp_y,temp_x)=(2,2)
=>　① B2
```

2-3-2　プログラムの構成

相対差分の使い方はわかったでしょうか。それではさっそく C3 に置けるかどうか調査しましょう。まずは B2 からです（**リスト 2-3-5**）。

《リスト 2-3-5》置けるかどうかの調査方法

```
今は黒のターン
調査場所は C3
まず調べるのは B2

if　B2 が黒ならば：
  置けない
elif　B2 が白ならば：
  while 1:
    A1 に探索を進める。
      if　盤面からはみ出しているかどうチェック：
      if　A1 が白ならば：
       置けない
      elif　A1 が黒ならば：
       置ける
```

2-3-3　Python プログラムについて

while 文の使い方を説明します (リスト 2-3-6)。

《リスト 2-3-6》while の使い方

```
while 条件文：
  条件が真＝１の間実行を続けます。この while から脱出するために
  break 文を使っています。
```

2-3-4　プログラムリスト

ここまでの考え方により①について調べるプログラムリストは次の通りです (リスト 2-3-7)。

2-3-5　B2 調査プログラムの実行結果

C3：oku_x=3,oku_y=3 をセット、B2 を調べたいので、shui_y[1]=-1,shui_x[1]=-1 となり、temp_y=2,temp_x=2 :B2 の結果、okeru_flag=0 となり、置けないと判定されました (図 2-3-3)。

《リスト 2-3-7》置けるかどうか調査する

```
import numpy as np
# 初期化定義省略 〈リスト 1-2 参照

shui_y=np.array([0,-1,-1,-1,0,0,1,1,1]) 〈[1~9] 相対差分 y の定義
shui_x=np.array([0,-1,0,1,-1,1,-1,0,1]) 〈[1~9] 相対差分 x の定義



def init_board():
# 関数内省略 〈リスト 1-2-9 参照

def disp_board():
# 関数内省略 〈リスト 1-2-9 参照

# main
init_board() 〈board 盤面初期化
disp_board() 〈盤面表示
turn=BLACK 〈ターン黒セット
oku_y=3 〈置く場所は C3
oku_x=C
okeru_flag=0 〈okeru フラグ 0 セット

if board[oku_y,oku_x]!=NONE: 〈置く場所に何もなければ置けない
  okeru_flag=0

# 判定ルーチン
print("oku_y,oku_x",oku_y,oku_x)
```

```
print("shui_y[1],shui_x[1]",shui_y[1],shui_x[1])

temp_x=oku_x+shui_x[1]  〈B2のxを相対差分で表現〉
temp_y=oku_y+shui_y[1]  〈B2のyを相対差分で表現〉

print('temp_y=%d,temp_x=%d¥n' % (temp_y,temp_x))

if board[temp_y,temp_x]==BLACK:  〈B2が黒なら置けない〉
  okeru_flag=0
  print('check0¥n')

elif board[temp_y,temp_x]==WHITE:  〈B2が白なら〉
  while 1:  〈A1に探索を進める〉
    temp_x=temp_x+shui_x[1]  〈A1のxを相対差分で指定〉
    temp_y=temp_y+shui_y[1]  〈A1のyを相対差分で指定〉
    #print(temp_y,temp_x)
    print('temp_y=%d,temp_x=%d¥n' % (temp_y,temp_x))
    if temp_x <=0 | temp_y <=0 | temp_x>=9 | temp_y>=9 :
    〈↑xyが盤面からはみ出しているかどうチェック〉
        print('check1¥n')
        break  〈はみ出せばwhile終了〉
    if board[temp_y,temp_x] == WHITE :  〈探索の結果、白なら、置けない〉
        okeru_flag=0
        print('check2¥n')
    elif board[temp_y,temp_x]==BLACK:  〈探索の結果、黒なら、置ける〉
        okeru_flag=1
        print('check3¥n')
        break  〈置けるので探索終了〉

if okeru_flag==0:  〈置ける場合の表示〉
  print('置けない:',okeru_flag,'¥n')
else:
  print('置ける:',okeru_flag,'¥n')  〈置けない場合の表示〉
```

2-3-5　B2 調査プログラムの実行結果

C3：oku_x=3,oku_y=3 をセット、B2 を調べたいので、shui_y[1]=-1,shui_x[1]=-1 となり、temp_y=2,temp_x=2 :B2 の結果、okeru_flag=0 となり、置けないと判定されました（図 2-3-3）。

図 2-3-3　実行結果

```
[['-' 'A' 'B' 'C' 'D' 'E' 'F' 'G' 'H' '-']
 ['1' '-' '-' '-' '-' '-' '-' '-' '-' '-']
 ['2' '-' '-' '-' '-' '-' '-' '-' '-' '-']
 ['3' '-' '-' '-' '-' '-' '-' '-' '-' '-']
 ['4' '-' '-' '-' 'W' 'B' '-' '-' '-' '-']
 ['5' '-' '-' '-' 'B' 'W' '-' '-' '-' '-']
 ['6' '-' '-' '-' '-' '-' '-' '-' '-' '-']
 ['7' '-' '-' '-' '-' '-' '-' '-' '-' '-']
 ['8' '-' '-' '-' '-' '-' '-' '-' '-' '-']
 ['-' '-' '-' '-' '-' '-' '-' '-' '-' '-']]
置いた駒の数: 4
oku_y,oku_x 3 3
shui_y[1],shui_x[1] -1 -1
temp_y=2,temp_x=2
置けない: 0
```

2-4 置けるかどうかの判定部分を関数化する

これまでに①と②の場所について調べました。

C3 に置けるかどうか判定するには、①～⑧まで全て調べる必要があります（図 2-3-1）。その結果、okeru_flag=1 となれば C3 に黒を置くことができると判定できます。これを①～⑧について記述するのはいくらなんでも面倒ですね。Python によるプログラムを駆使して解決しましょう。

図 2-4-1　関数化して①を調べる

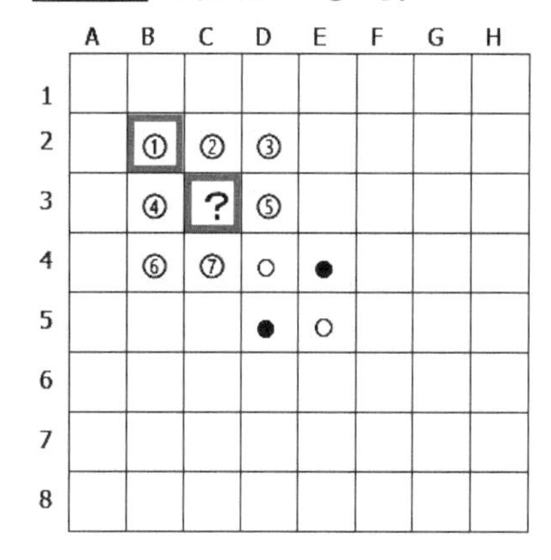

2-4-2　関数化

Python は C 言語と同じように関数を定義することができます。関数内の記述はインデントしないとエラーが出ます。結果をリターンすることもできます。

2-4-2-1　変数定義（リスト 2-4-1）

《リスト 2-4-1》変数定義

```
y, x : 調べる駒の位置
turn : 黒か白か
okeru_flag : 結果が入るグルーバル変数、置けるとき＝１、置けないとき =0　が代入される
```

2-4-2-2　関数定義

この関数（リスト 2-4-2）は①についてのみ調べます。次回以降に残りの②～⑦を調べます。

《リスト 2-4-2》関数定義

```
def okeruka(y, x, turn):
    #関数内容を記述する
```

2-4-2-3　関数の呼び出し

メインプログラム部分で関数を呼び出し、実行します。結果は okeru_flag に入ります（リスト 2-4-3）。

《リスト 2-4-3》関数の呼び出し

```
oku_y, oku_x : 調べたい駒の位置
BLACK : 黒のターン
okeruka(oku_y, oku_x, BLACK)
```

2-4-4 関数呼び出しのプログラムリスト

説明したプログラム全体を示します（**リスト 2-4-4**）。

《リスト 2-4-4》

```
import numpy as np

# 初期化定義省略 〈リスト 1-2 参照〉

shui_y=np.array([0,-1,-1,-1,0,0,1,1,1]) 〈[1~9] 差分定義 y〉
shui_x=np.array([0,-1,0,1,-1,1,-1,0,1]) 〈[1~9] 差分定義 x〉

def init_board():
# 関数内省略 〈リスト 1-2-9 参照〉

def disp_board():
# 関数内省略 〈リスト 1-2-9 参照〉

def okeruka(y,x,turn): 〈置けるか関数定義〉
    if board[y,x]!=NONE: 〈y,x に何も無ければ、〉
        okeru_flag=0 〈置けない〉
        return 0 〈終了〉
    temp_x=oku_x+shui_x[1] 〈① x を差分表現〉
    temp_y=oku_y+shui_y[1] 〈① y を差分表現〉

    print('temp_y=%d,temp_x=%d¥n' % (temp_y,temp_x))
    if board[temp_y,temp_x]==BLACK: 〈差分 y,x の位置にある駒が黒ならば、〉
        okeru_flag=0 〈置けない〉
        print('check0¥n')
    elif board[temp_y,temp_x]==WHITE: 〈そうではなくて、差分 y,x の位置にある駒が白ならば、〉
        while 1: 〈A1 に探索を進める〉
            temp_x=temp_x+shui_x[1] 〈差分 x を一つすすめる〉
            temp_y=temp_y+shui_y[1] 〈差分 y を一つすすめる〉
            print(temp_y,temp_x)
            print('temp_y=%d,temp_x=%d¥n' % (temp_y,temp_x))
            if temp_x <=0 | temp_y <=0 | temp_x>=9 | temp_y>=9 : 〈盤面はみ出しチェック〉
                print('check1¥n')
                break 〈はみ出していれば終了〉
            if board[temp_y,temp_x] == WHITE : 〈差分 y,x が白ならば、〉
                okeru_flag=0 〈置けない〉
                print('check2¥n')
            elif board[temp_y,temp_x]==BLACK: 〈差分 y,x が黒ならば、〉
                okeru_flag=1 〈置ける〉
                print('check3¥n')
                break
```

```
# main　メインプログラム
init_board()  〈盤面初期化関数呼び出し
disp_board()  〈盤面表示関数呼び出し

turn=BLACK  〈ターンは黒
okeru_flag=0  〈okeru フラグ初期化
oku_x=C  〈置く位置は C3
oku_y=3

okeruka(oku_y,oku_x,BLACK)  〈置けるか関数呼び出し

if okeru_flag==0:  〈置けない場合
  print('置けない:',okeru_flag,'¥n')
else:  〈置ける場合
  print('置ける:',okeru_flag,'¥n')
```

2-4-4　関数呼び出しプログラムの実行結果

temp_y=2、temp_x=2 ＝＞　22 ＝＞　C2= ①

ここには置けない= 0 との結果が出ました(図 2-4-2)。

図 2-4-2　実行結果

```
[['-' 'A' 'B' 'C' 'D' 'E' 'F' 'G' 'H' '-']
 ['1' '-' '-' '-' '-' '-' '-' '-' '-' '-']
 ['2' '-' '-' '-' '-' '-' '-' '-' '-' '-']
 ['3' '-' '-' '-' '-' '-' '-' '-' '-' '-']
 ['4' '-' '-' '-' 'W' 'B' '-' '-' '-' '-']
 ['5' '-' '-' '-' 'B' 'W' '-' '-' '-' '-']
 ['6' '-' '-' '-' '-' '-' '-' '-' '-' '-']
 ['7' '-' '-' '-' '-' '-' '-' '-' '-' '-']
 ['8' '-' '-' '-' '-' '-' '-' '-' '-' '-']
 ['-' '-' '-' '-' '-' '-' '-' '-' '-' '-']]

置いた駒の数: 4
temp_y=2,temp_x=2

置けない: 0
```

2-5 置けるかどうか 8 方向を調査する

2-5-1 置けるかどうか 8 方向調査

置けるかどうかの判定モジュールが関数化できました。これを利用して①～⑧の 8 方向を調べることで、本当に置けるかどうか判定できます（図 2-5-1）。すでに白が置かれている D4 ⑧は調べなくても構わないのですが、ほかのパターンにも対応できるようにするために周囲 8 方向をすべて調査します。

図 2-5-1 ①～⑧を調べる

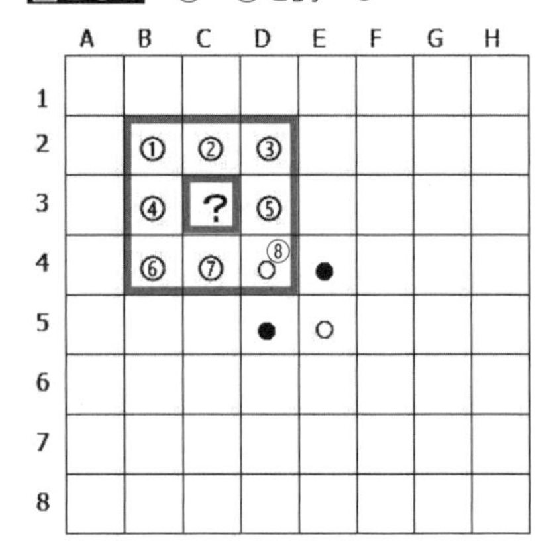

2-5-2 okeruka() 関数の拡張

8 方向を調べることができるように okeruka() 関数を拡張します（リスト 2-5-1 ～ 4）。

2-5-2-1 引数の定義（リスト 2-5-1）

《リスト 2-5-1》引数定義

```
oku_y, oku_x : 調べたい位置
turn : 黒か白か
i : ①～⑧
```

2-5-2-2 関数側の引数（リスト 2-5-2）

《リスト 2-5-2》関数側引数

```
def okeruka(y, x, turn, shui):
```

2-5-2-3 呼び出し側の引数（リスト 2-5-3）

《リスト 2-5-3》呼び出し側引数

```
okeruka(oku_y, oku_x, turn, i)
```

2-5-2-4　差分定義を探索できるように拡張（リスト 2-5-4）

《リスト 2-5-4》差分定義の拡張

```
    temp_x=x+shui_x[ 1～8]
    temp_y=y+shui_y[ 1～8]
```

2-5-3　8方向探索

メインプログラム内に8方向を調べる記述をします。for文によりokeruka()関数を8回呼び出して調査します（リスト 2-5-5）。

for文の使い方

```
for 変数 in range(初期値, 最終+1):
```

最後の値は、最終+1として指定します。次のように使います。

《リスト 2-5-5》okeruka() を8回呼び出す

```
for i in range(1,9):
    okeruka(oku_y,oku_x,turn,i)
```

2-5-4　プログラムリスト

D3に置けるかどうかを8方向調べるプログラムを示します（リスト 2-5-6）。

《リスト 2-5-6》8方向を調べる

```
import numpy as np  〈numpy配列使用
#初期化定義省略  〈リスト1-2-9参照

global board  〈boardグローバル変数宣言
global okeru_flag  〈okeruフラググローバル変数宣言

board=np.zeros([10,10])  〈盤面ゼロ初期化
shui_y=np.array([0,-1,-1,-1,0,0,1,1,1])  〈[1~9]　y軸差分定義
shui_x=np.array([0,-1,0,1,-1,1,-1,0,1])  〈[1~9]　x軸差分定義

def init_board():  〈盤面初期化関数
#関数内省略  〈リスト1-2-9参照
def disp_board():  〈盤面表示関数
#関数内省略  〈リスト1-2-9参照

def okeruka(y,x,turn,shui):  〈置けるか関数
    global okeru_flag  〈グローバル変数関数内宣言
```

```
    print(y,x,turn,shui)
    print('shui_y=%d,shui_x=%d' % (shui_y[shui],shui_x[shui]))
    if board[y,x]!=NONE:  〈y,x に駒があれば、
        print('check-1¥n')
        okeru_flag=0  〈置けない
        return 0  〈終了
    temp_x=x+shui_x[shui]  〈x 差分表現
    temp_y=y+shui_y[shui]  〈y 差分表現

    print('temp_y=%d,temp_x=%d' % (temp_y,temp_x))

    if board[temp_y,temp_x]==NONE:  〈yx に何も無ければ、
        okeru_flag=0  〈置けない
        print('check1',okeru_flag)
    elif board[temp_y,temp_x]==BLACK:  〈そうではなくて、yx に黒駒があれば、
        okeru_flag=0  〈置けない
        print('check2',okeru_flag)
    elif board[temp_y,temp_x]==WHITE:  〈そうではなくて、yx に白があれば、
        while 1:  〈調べる場所の先へ探索を進める
            temp_x=temp_x+shui_x[shui]  〈x 差分位置を進める
            temp_y=temp_y+shui_y[shui]  〈y 差分位置を進める
            #print(temp_x,temp_y)
            print('temp_y=%d,temp_x=%d¥n' % (temp_y,temp_x))
            if temp_x <=0 or temp_y <=0 or temp_x>=9 or temp_y>=9  :〈盤面範囲チェック
                print('check3',okeru_flag)
                break  〈はみ出していれば終了
            if board[temp_y,temp_x] == WHITE :  〈yx に白があれば、
                okeru_flag=0  〈置けない
                print('check4',okeru_flag)
            elif board[temp_y,temp_x]==BLACK:  〈そうでななくて、黒があれば、
                okeru_flag=1  〈置ける
                print('check5',okeru_flag)
                break  〈ループ終了
            elif board[temp_y,temp_x]==NONE:  〈そうではなくて、何もなければ、
                okeru_flag=0  〈置けない
                print('check6',okeru_flag)
                break  〈ループ終了

# main  メインプログラム
init_board()  〈盤面初期化
disp_board()  〈盤面表示

turn=BLACK  〈ターン黒
oku_x=D  〈置く位置 D3
oku_y=3
okeru_flag=0  〈okeru フラグ初期化
```

```
oku=0  〈oku 変数初期化〉

for i in range(1,9):  〈①～⑧を調査する〉
  print('¥nshui=%d' % i)
  okeruka(oku_y,oku_x,turn,i)  〈okeruka() 関数起動〉
  print('for:',i,okeru_flag)
  if okeru_flag==1:  〈置ける場合は、〉
    oku=1  〈途中でも〉
    break  〈、for 文終了〉

print('¥n 結果 : %d %d には' % (oku_x,oku_y))
if oku==0:  〈置けない場合〉
  print(' 置けない :',oku,'¥n')
elif oku==1:  〈置ける場合〉
  print(' 置ける :',oku,'¥n')
```

2-5-5　D3 に黒が置けるかの実行結果

それでは D3 に黒が置けるかどうかプログラムを実行しましょう。shui_y、shui_x、temp_y、temp_x が周囲の定義と探索方向を示します (図 2-5-2)。

図 2-5-2　途中経過

```
置いた駒の数: 4

shui=1
3 4 2 1
shui_y=-1,shui_x=-1
temp_y=2,temp_x=3
check1 0
for: 1 0

shui=2
3 4 2 2
shui_y=-1,shui_x=0
temp_y=2,temp_x=4
check1 0
for: 2 0

shui=3
3 4 2 3
shui_y=-1,shui_x=1
temp_y=2,temp_x=5
check1 0
for: 3 0
```

図 2-5-3　黒は D3 に置ける！

```
shui=6
3 4 2 6
shui_y=1,shui_x=-1
temp_y=4,temp_x=3
check1 0
for: 6 0

shui=7
3 4 2 7
shui_y=1,shui_x=0
temp_y=4,temp_x=4
temp_y=5,temp_x=4

check5 1
for: 7 1

結果 :3 4 には
置ける: 1
```

34 ＝ D3 に黒は置けると結果がでました (図 2-5-3)。大成功です。

他の部分も正常に動作するかどうか試してみましょう。56 = E6 に黒は置けると判定されました（**図 2-5-4**）。

図 2-5-4 黒は E6 に置ける！

```
shui=1
6 5 2 1
shui_y=-1,shui_x=-1
1 temp_y=5,temp_x=4
check2 0
for: 1 0

shui=2
6 5 2 2
shui_y=-1,shui_x=0
1 temp_y=5,temp_x=5
2 temp_y=4,temp_x=5

check5 1
for: 2 1
結果：5 6 には
置ける: 1
```

35 = C5 に黒は置けないと判定されました（**図 2-5-5**）。

図 2-5-5 黒は C5 に置けない

```
shui=7
5 3 2 7
shui_y=1,shui_x=0
1 temp_y=6,temp_x=3
check1 0
for: 7 0

shui=8
5 3 2 8
shui_y=1,shui_x=1
1 temp_y=6,temp_x=4
check1 0
for: 8 0
結果：3 5 には
置けない: 0
```

これでリバーシプログラムの心臓部分 okeruka() 関数が完成しました。

2-6 置けるかどうか白のターンも有効にする

2-6-1　ターンを有効にする

これまでは黒のターン（先攻、後攻の別）に固定してプログラムを考えてきました。ここでは黒白両方のターンで置けるかどうかを調査できるようにプログラムを考えます（図2-6-1）。

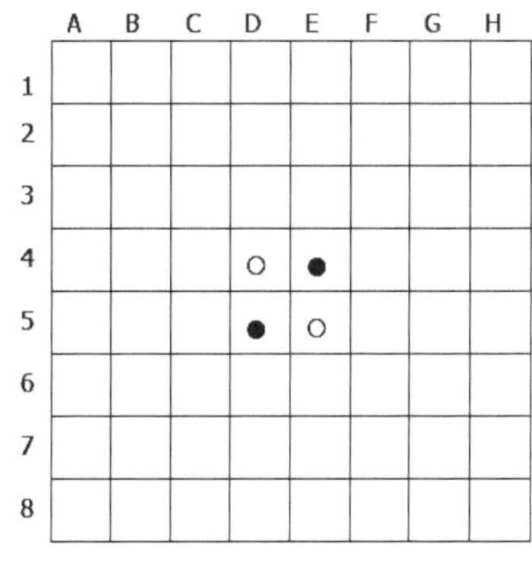

図2-6-1　黒白両ターンを考える

2-6-2　プログラムの考え方

これまでturn=BALCKと設定してはいましたが、turn変数はプログラム中では参照していませんでした。ここではturn=WHITEに対応できるようにプログラムします。具体的には、turnを格納する変数koma1とkoma2を用意します。def okeruka(y,x,turn,shui): 内で、turnがBLACKかWHITEかにより、koma1とkoma2を入れ替えることで黒白両ターンに対応します（リスト2-6-1）。

《リスト2-6-1》ターンを有効にする

```
if turn==BLACK:
        koma1=BLACK
        koma2=WHITE
 else:
        koma1=WHITE
        koma2=BLACK
```

2-6-3　ターンを有効にしたプログラムについて

プログラム全体を示します（リスト2-6-2）。

《リスト2-6-2》黒白両ターン有効

```
import numpy as np  〈numpy配列定義
WHITE=1  〈白定義
BLACK=2  〈黒定義
#変数定義  〈リスト2-5-6参照

#関数  〈リスト1-2-9参照

def okeruka(y,x,turn,shui):  〈置けるか関数定義
```

```
okeru_flag=0  〈okeru フラグ初期化
print(y, x, turn, shui)
print('shui_x=%d, shui_y=%d' % (shui_x[shui], shui_y[shui]))
if turn==BLACK:  〈ターン黒の場合、
    koma1=BLACK  〈黒駒セット
    koma2=WHITE  〈白駒セット
else:  〈ターン白の場合、
    koma1=WHITE  〈白駒セット
    koma2=BLACK  〈黒駒セット

if board[y, x]!=NONE:  〈yx が空きでなければ、
    print('check-1¥n')
    okeru_flag=0  〈置けない
    return 0
temp_x=x+shui_x[shui]  〈x 差分定義
temp_y=y+shui_y[shui]  〈y 差分定義

print('temp_y=%d, temp_x=%d' % (temp_y, temp_x))

if board[temp_y, temp_x]==NONE:  〈差分 y,x が空きであれば、
    okeru_flag=0  〈置けない
    print('check1', okeru_flag)
elif board[temp_y, temp_x]==koma1:  〈そうではなくて、差分 y,x が koma1 であれば、
    okeru_flag=0  〈置けない
    print('check2', okeru_flag)
elif board[temp_y, temp_x]==koma2:  〈そうではなくて、差分 y,x が koma2 であれば、
    while 1:  〈探索開始
        temp_x=temp_x+shui_x[shui]  〈x 探索位置セット
        temp_y=temp_y+shui_y[shui]  〈y 探索位置セット
        print('temp_y=%d, temp_x=%d¥n' % (temp_y, temp_x))
        if temp_x <=0 or temp_y <=0 or temp_x>=9 or temp_y>=9 :  〈探索範囲チェック
            print('check3', okeru_flag)
            return okeru_flag  〈はみ出していれば、okeru フラグを返す
            break  〈ループ終了
        if board[temp_y, temp_x] == koma2 :  〈探索 yx が koma2 であれば、
            okeru_flag=0  〈置けない
            print('check4', okeru_flag)
        elif board[temp_y, temp_x]== koma1 :  〈探索 yx が koma1 であれば、
            okeru_flag=1  〈置ける
            print('check5', okeru_flag)
            return okeru_flag  〈okeru フラグを返す
            break  〈ループ終了
        elif board[temp_y, temp_x]==NONE:  〈探索 y,x に何も無ければ、置けない
            okeru_flag=0  〈okeru フラグ 0 セット
            print('check6', okeru_flag)
            break  〈ループ終了
```

```
    return okeru_flag  〈okeru フラグを返す

# main
init_board()  〈盤面初期化
disp_board()  〈盤面表示

turn=BLACK  〈ターン黒セット
#turn=WHITE
oku_y=6  〈置く位置 y=6 セット
oku_x=E  〈置く位置 x=E セット

okeru_flag=0  〈変数初期化
oku_flag=0
oku=0

for i in range(1,9):  〈調査位置①～⑧セット
  print('¥nshui=%d' % i)
  oku=okeruka(oku_y,oku_x,turn,i)  〈okeruka() 関数起動
  print('for:',i,okeru_flag,oku)
  if oku==1:  〈置ける場合、
    break  〈ループ終了



print('¥n turn:(白=1, 黒=2)',turn)  〈結果表示
print('結果：x:%d y:%d には'% (oku_x,oku_y))

if oku==0:  〈置けない場合
  print('置けない：',oku,'¥n')
elif oku==1:  〈置ける場合
  print('置ける：',oku,'¥n')
```

第0章
第1章
第2章
第3章
第4章
第5章
第6章
第7章

2-6-4 黒の番のとき C5 に置けるかの実行結果

turn= 黒の時、C5 に置けるかどうか調べました。結果、置けないとなりました(図 2-6-2)。

図 2-6-2 黒ターン C5 に置けるか

```
shui=6
5 3 2 6
shui_x=-1,shui_y=1
temp_y=6,temp_x=2
check1 0
for: 6 0 0

shui=7
5 3 2 7
shui_x=0,shui_y=1
temp_y=6,temp_x=3
check1 0
for: 7 0 0

shui=8
5 3 2 8
shui_x=1,shui_y=1
temp_y=6,temp_x=4
check1 0
for: 8 0 0
 turn:(白=1,黒=2) 2
結果 : x:3 y:5 には
置けない: 0
```

Turn= 白の時、C5 におけるかどうか調べました。結果、turn= 黒 B の時、C5 に置けるかどうか調べました。結果、置けるとなりました(図 2-6-3)。大成功です。

図 2-6-3 白ターン C5 に置けるか

```
shui=3
5 3 1 3
shui_x=1,shui_y=-1
temp_y=4,temp_x=4
check2 0
for: 3 0 0

shui=4
5 3 1 4
shui_x=-1,shui_y=0
temp_y=5,temp_x=2
check1 0
for: 4 0 0

shui=5
5 3 1 5
shui_x=1,shui_y=0
temp_y=5,temp_x=4
temp_y=5,temp_x=5

check5 1
for: 5 0 1
 turn:(白=1,黒=2) 1
結果 : x:3 y:5 には
置ける: 1
```

2-7 okeruka() 関数を完成させる

2-7-1　okeruka 関数の完成

これまでにいくつかの段階に分けて置けるかどうかの判定プログラムを制作しました。ここでは2つの関数により置けるかどうかを調査する関数を構成し、完成します。

2-7-2　2つの okeruka() 関数

置けるかどうかを調査する関数はメインの okeruka() 関数とサブの okeruka_sub() により構成します。

2-7-2-1　メイン置けるか関数

①～⑧を調べるためにサブ関数を呼び出す部分を担当します。置けるかどうかを返します（**リスト 2-7-1**）。

置ける場合：1
置けない場合：0
を返します。

《リスト 2-7-1》okeruka() メイン関数

```
def okeruka(oku_y,oku_x,turn):
```

2-7-2-2　サブ置けるか関数

メインから呼び出されて置けるかどうかを実際に調べる心臓部です。指定の位置におけるかどうかをメインに返します（**リスト 2-7-2**）。

置ける場合：1
置けない場合：0

《リスト 2-7-2》okeruka_sub() 関数

```
def okeruka_sub(y,x,turn,shui):
```

2-7-3　okeruka() 関数の使い方

okeruka 関数を呼び出して、置けるかどうかを調査します。戻り値が 1 なら置ける、0 なら置けないです。

2-7-3-1　置けるか関数を呼び出す（リスト 2-7-3）

《リスト 2-7-4》okeruka() 関数の使い方

```
置く位置 y:oku_y、置く位置 x:oku_x、ターン : turn
okeru=okeruka(oku_y,oku_x,turn)
```

2-7-3-2　okeru=1 なら置ける。okeru=0 なら置けない（リスト 2-7-5）

《リスト 2-7-5》okeruka() 関数の結果

```
if okeru==0:
   print('置けない:',okeru,'¥n')
elif okeru==1:
   print('置ける:',okeru,'¥n')
```

2-7-4　Okeruka 関数を使用したプログラムリスト

okeruka 関数を使用した C5 に黒が置けるかどうかを調べるプログラムは**リスト 2-7-6** です。

《リスト 2-7-6》okeruka() 関数の完成

```
#既出部分省略 〈リスト 2-6-2 参照

def okeruka_sub(y,x,turn,shui): 〈サブ okeruka() 関数定義
    okeru_flag=0 〈okeru フラグ初期化
    print(y,x,turn,shui) 〈yx：置く位置、turn：ターン、shui：①～⑧
    print('shui_y=%d,shui_x=%d' % (shui_y[shui],shui_x[shui]))

    if turn==BLACK: 〈黒ターンならば、
        koma1=BLACK 〈黒駒セット
        koma2=WHITE 〈白駒セット
    else: 〈白ターンならば、
        koma1=WHITE 〈白駒セット
        koma2=BLACK 〈黒駒セット

    if board[y,x]!=NONE: 〈yx が空でない場合、
        print('check-1¥n')
        okeru_flag=0 〈置けない
        return 0 〈終了

    temp_x=x+shui_x[shui] 〈x 探索位置セット
    temp_y=y+shui_y[shui] 〈y 探索位置セット

    print('temp_y=%d,temp_x=%d' % (temp_y,temp_x))
```

```
    if board[temp_y,temp_x]==NONE:  〈探索位置が空きの場合、
        okeru_flag=0  〈置けない
        print('check1',okeru_flag)
    elif board[temp_y,temp_x]==koma1:  〈探索位置に koma1、
        okeru_flag=0  〈置けない
        print('check2',okeru_flag)
    elif board[temp_y,temp_x]==koma2:  〈探索位置に koma2 があれば、
        while 1:  〈探索開始
            temp_x=temp_x+shui_x[shui]  〈x 探索位置セット
            temp_y=temp_y+shui_y[shui]  〈y 探索位置セット
            print('temp_y=%d,temp_x=%d¥n' % (temp_y,temp_x))
            if temp_x <=0 or temp_y <=0 or temp_x>=9 or temp_y>=9 :  〈探索範囲チェック
                print('check3',okeru_flag)
                return okeru_flag  〈外れていれば、okeru フラグ返す
                break  〈ループ終了
            if board[temp_y,temp_x] == koma2 :  〈探索位置が koma2 の場合、
                okeru_flag=0  〈置けない
                print('check4',okeru_flag)
            elif board[temp_y,temp_x]== koma1 :  〈そうではなくて、探索位置が koma2 の場合、
                okeru_flag=1  〈置ける
                print('check5',okeru_flag)
                return okeru_flag
                break
            elif board[temp_y,temp_x]==NONE:  〈そうではなくて、探索位置が空きの場合、
                okeru_flag=0  〈置けない
                print('check6',okeru_flag)
                return okeru_flag  〈okeru フラグ返す
                break  〈ループ終了

def okeruka(oku_y,oku_x,turn):  〈サブ okeruka() 関数定義
    oku=0  〈oku フラグ初期化
    for i in range(1,9):  〈①～⑧ループで調査
        oku=okeruka_sub(oku_y,oku_x,turn,i)  〈サブ okeruka() 関数起動
        if oku==1:  〈どこかに置ける場合、
            break  〈for 文終了
    return oku  〈oku フラグ返す

# main
init_board()  〈盤面初期化
disp_board()  〈盤面表示

turn=BLACK  〈ターン黒
oku_y=4  〈C4 セット
oku_x=C

okeru_flag=0  〈okeru フラグ初期化
```

```
oku_flag=0 〈oku フラグ初期化〉

okeru=okeruka(oku_y, oku_x, turn) 〈置けるか関数起動〉

print('¥n turn:(白=1, 黒=2)', turn) 〈結果表示〉
print(' 結果 : x:%d y:%d には'% (oku_x, oku_y))

if okeru==0: 〈置けない場合〉
    print(' 置けない :', okeru, '¥n')
elif okeru==1: 〈置ける場合〉
    print(' 置ける :', okeru, '¥n')
```

2-7-5 C④に置けるかどうかの実行結果

C4 に置けるかどうかを調べた結果です (図 2-7-1)。
turn=BLACK の場合は置けるとなりました (図 2-7-2)。
turn=WHITE の場合は置けないとなりました (図 2-7-3)。大成功です。

図 2-7-1 リバーシ盤の初期位置

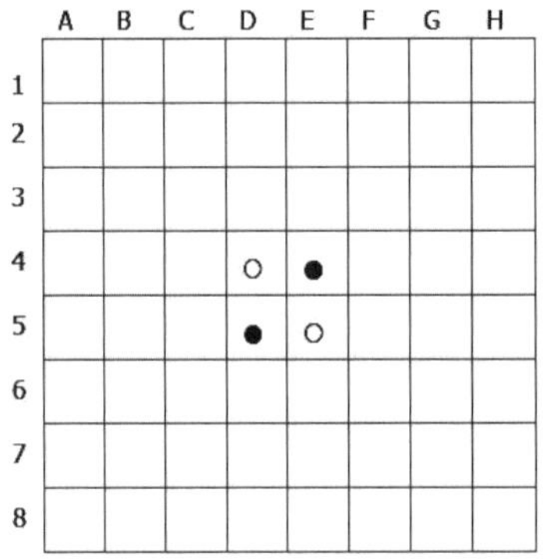

	A	B	C	D	E	F	G	H
1								
2								
3								
4				○	●			
5				●	○			
6								
7								
8								

図 2-7-2 ターン黒、C4 には置ける

```
置いた駒の数: 4
4 3 2 1
shui_y=-1,shui_x=-1
temp_y=3,temp_x=2
check1 0
4 3 2 2
shui_y=-1,shui_x=0
temp_y=3,temp_x=3
check1 0
4 3 2 3
shui_y=-1,shui_x=1
temp_y=3,temp_x=4
check1 0
4 3 2 4
shui_y=0,shui_x=-1
temp_y=4,temp_x=2
check1 0
4 3 2 5
shui_y=0,shui_x=1
temp_y=4,temp_x=4
temp_y=4,temp_x=5

check5 1

 turn:(白=1,黒=2) 2
結果 : x:3 y:4 には
置ける: 1
```

図 2-7-3 ターン白、C4 には置けない

```
4 3 1 6
shui_y=1,shui_x=-1
temp_y=5,temp_x=2
check1 0
4 3 1 7
shui_y=1,shui_x=0
temp_y=5,temp_x=3
check1 0
4 3 1 8
shui_y=1,shui_x=1
temp_y=5,temp_x=4
temp_y=6,temp_x=5

check6 0

 turn:(白=1,黒=2) 1
結果 : x:3 y:4 には
置けない: 0
```

2-8 置く位置をキーボードより入力する

okeruka 関数が完成しました。これまではプログラム中で oku_y=5、oku_x=C のように置く位置を定義していました。

ここではキーボードより置く位置を入力できるようにします。そして okeruka() 関数により置ける・置けないを判定します。

2-8-1　input() 文の使い方

キーボードからの入力には input() を使います。実行すると入力ウインドウが表示されます (図 2-8-1)。

図 2-8-1

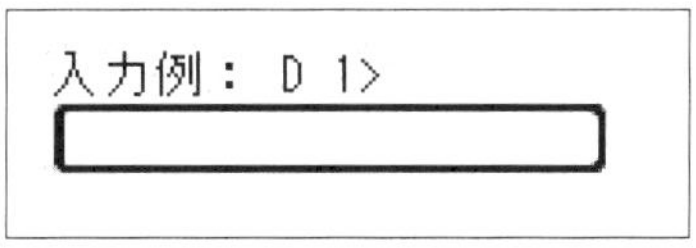

入力例：D 1>

「C　4」のように、アルファベット　空白　数字の様式で入力します。

ここに split() を組み合わせることで 2 つのデータを分離して、変数 a,b それぞれに分けて代入することができます (リスト 2-8-1)。

《リスト 2-8-1》input() 文

```
a,b=input().split()
```

2-8-2　変数の変換

2-8-2-1　ord(a)

変数 a には大文字 A ～ H の文字列が入ります。ASCII 文字コードは 0x41 ～ 0x48 です。この文字列から 0x40 を引くと数値に変換されます。したがって、文字列 C を処理すると数値 3 に変換されます。(リスト 2-8-2) 同様に小文字 a ～ h の ASCII コードは 0x61 ～ 0x68 なので、0x60 を引くと数値に変換されます。

《リスト 2-8-2》ord() 文

```
oku_x=ord(a)-0x40
```

2-8-2-2　int(b)

変数 b を明確に整数型に変換するために int() を使います。変換しないと Python が実数型など予期しない型に変換してしまう可能性があります (リスト 2-8-3)。

《リスト 2-8-3》int() 文

```
oku_y=int(b)
```

2-8-3　プログラムリスト

リバーシの入力規則に基づいて D4 のようにキーボードから置く位置を入力して、置けるかどうか判定するプログラムは**リスト 2-8-4** のとおりです。

《リスト 2-8-4》

```
# 初期化定義、関数定義省略　〈リスト 2-6-2、リスト 2-7-6 参照〉

# main
init_board()　〈盤面初期化〉
disp_board()　〈盤面表示〉

turn=BLACK　〈ターン黒〉
okeru_flag=0　〈okeru フラグ初期化〉
oku_flag=0　〈oku フラグ初期化〉

print('入力例：D 1>')　〈入力例表示〉
a,b=input().split()　〈キーボード入力、変数分離〉
print('¥n 入力：',a,b)　〈入力された a,b 表示〉

oku_x=ord(a)-0x40　〈a に入っている A ～ H の大文字→数値変換〉
oku_y=int(b)　〈b に入っている整数変換〉
print('変換：',oku_y,oku_x)

okeru=okeruka(oku_y,oku_x,turn)　〈置けるか関数起動〉

print('¥n turn:(白=1, 黒=2)',turn)　〈結果表示〉
print('結果：x:%d y:%d には'% (oku_x,oku_y))
if okeru==0:　〈置けない場合〉
  print('置けない：',okeru,'¥n')
elif okeru==1:　〈置ける場合〉
  print('置ける：',okeru,'¥n')
```

2-8-4　実行結果

C4 と C5 に置けるかどうかを調べました。

2-8-4-1　プログラムを実行、入力例と入力用ウインドウを表示（図 2-8-2）

図 2-8-2

```
ゼロリセット:
オセロ盤の初期化:
[['-' 'A' 'B' 'C' 'D' 'E' 'F' 'G' 'H' '-']
 ['1' '-' '-' '-' '-' '-' '-' '-' '-' '-']
 ['2' '-' '-' '-' '-' '-' '-' '-' '-' '-']
 ['3' '-' '-' '-' '-' '-' '-' '-' '-' '-']
 ['4' '-' '-' '-' 'W' 'B' '-' '-' '-' '-']
 ['5' '-' '-' '-' 'B' 'W' '-' '-' '-' '-']
 ['6' '-' '-' '-' '-' '-' '-' '-' '-' '-']
 ['7' '-' '-' '-' '-' '-' '-' '-' '-' '-']
 ['8' '-' '-' '-' '-' '-' '-' '-' '-' '-']
 ['-' '-' '-' '-' '-' '-' '-' '-' '-' '-']]

入力例： D 1>
```

2-8-4-2「C　4」と入力（図 2-8-3）

図 2-8-3

```
ゼロリセット:
オセロ盤の初期化:
[['-' 'A' 'B' 'C' 'D' 'E' 'F' 'G' 'H' '-']
 ['1' '-' '-' '-' '-' '-' '-' '-' '-' '-']
 ['2' '-' '-' '-' '-' '-' '-' '-' '-' '-']
 ['3' '-' '-' '-' '-' '-' '-' '-' '-' '-']
 ['4' '-' '-' '-' 'W' 'B' '-' '-' '-' '-']
 ['5' '-' '-' '-' 'B' 'W' '-' '-' '-' '-']
 ['6' '-' '-' '-' '-' '-' '-' '-' '-' '-']
 ['7' '-' '-' '-' '-' '-' '-' '-' '-' '-']
 ['8' '-' '-' '-' '-' '-' '-' '-' '-' '-']
 ['-' '-' '-' '-' '-' '-' '-' '-' '-' '-']]

置いた駒の数: 4
C 4
```

2-8-4-3　黒ターンで C4 には置けるとの結果（図 2-8-4）

図 2-8-4

```
ゼロリセット:
オセロ盤の初期化:
[['-' 'A' 'B' 'C' 'D' 'E' 'F' 'G' 'H' '-']
 ['1' '-' '-' '-' '-' '-' '-' '-' '-' '-']
 ['2' '-' '-' '-' '-' '-' '-' '-' '-' '-']
 ['3' '-' '-' '-' '-' '-' '-' '-' '-' '-']
 ['4' '-' '-' '-' 'W' 'B' '-' '-' '-' '-']
 ['5' '-' '-' '-' 'B' 'W' '-' '-' '-' '-']
 ['6' '-' '-' '-' '-' '-' '-' '-' '-' '-']
 ['7' '-' '-' '-' '-' '-' '-' '-' '-' '-']
 ['8' '-' '-' '-' '-' '-' '-' '-' '-' '-']
 ['-' '-' '-' '-' '-' '-' '-' '-' '-' '-']]

入力例： D 1>
C 4

入力： C 4
変換： 4 3

turn:(白=1,黒=2) 2
結果：x:3 y:4 には
置ける: 1
```

2-8-4-4　黒ターンで C5 に置けるか調べると、置けないとの結果（図 2-8-5）

図 2-8-5

```
ゼロリセット:
オセロ盤の初期化:
[['-' 'A' 'B' 'C' 'D' 'E' 'F' 'G' 'H' '-']
 ['1' '-' '-' '-' '-' '-' '-' '-' '-' '-']
 ['2' '-' '-' '-' '-' '-' '-' '-' '-' '-']
 ['3' '-' '-' '-' '-' '-' '-' '-' '-' '-']
 ['4' '-' '-' '-' 'W' 'B' '-' '-' '-' '-']
 ['5' '-' '-' '-' 'B' 'W' '-' '-' '-' '-']
 ['6' '-' '-' '-' '-' '-' '-' '-' '-' '-']
 ['7' '-' '-' '-' '-' '-' '-' '-' '-' '-']
 ['8' '-' '-' '-' '-' '-' '-' '-' '-' '-']
 ['-' '-' '-' '-' '-' '-' '-' '-' '-' '-']]

入力例： D 1>
C 5

入力： C 5
変換： 5 3

turn:(白=1,黒=2) 2
結果：x:3 y:5 には
置けない: 0
```

プログラムを整えて完成

いよいよ置けるか判定プログラムの最終です。動作チェック用の print 文をコメントアウトして、すっきりさせましょう。入力形式は 2-8 と同じです。

2-9-1　Python プログラムについて

Python プログラムではプログラム冒頭やメイン先頭によく記述する文があるので紹介します。

2-9-1-1　プログラム冒頭に記述するひな形

Python3 環境で、文字コードに utf-8 を使う場合、**リスト 2-9-1** のように記述します。

《リスト 2-9-1》

```
#!/usr/bin/Python3
# -*- coding:utf-8 -*-
```

2-9-1-2 モジュールとして使いたい場合

このプログラムを別ファイルから呼び出してモジュールとして使う可能性がある場合には次のように記述します。例えば、okeruka() 関数を別プログラムから呼び出したい場合はこの記述を入れておきます (**リスト 2-9-2**)。

《リスト 2-9-2》

```
if __name__ == "__main__":
```

2-9-2　プログラムリスト

冒頭やメインの記述を追加したプログラムです (**リスト 2-9-3**)。これでよく見かける Python プログラムになったと思いませんか。

《リスト 2-9-3》

```
#!/usr/bin/python3        〈python バージョン定義
# -*- coding:utf-8 -*-    〈文字コード定義

# 初期化定義省略

def init_board():
# 関数内  〈リスト 1-2-9 参照
```

```
def disp_board():
# 関数内 〈リスト 1-2-9 参照〉

def okeruka_sub(y, x, turn, shui):
# 関数内 〈リスト 2-7-6 参照〉

def okeruka(oku_y, oku_x, turn):
# 関数内 〈リスト 2-7-6 参照〉

# main
if __name__ == "__main__": 〈関数をモジュール使用する場合必要〉
    init_board() 〈盤面初期化〉
    disp_board() 〈盤面表示〉

    turn=BLACK 〈ターン黒セット〉
    okeru_flag=0 〈okeru フラグ初期化〉
    oku_flag=0 〈oku フラグ初期化〉

    if turn==WHITE: 〈ターン黒の場合〉
        dturn='WHITE' 〈文字 WHITE セット〉
    else: 〈ターン白の場合〉
        dturn='BLACK' 〈文字黒セット〉

    print(' 入力例 : D 1>') 〈入力例表示〉
    print('¥n%s のターン >' % (dturn)) 〈現在のターン表示〉
    a,b=input().split() 〈キーボード入力〉

    oku_x=ord(a)-0x40 〈入力 a 大文字 A ～ H 数字変換〉
    oku_y=int(b) 〈入力 b 整数値 1 ～ 8 変換〉

    okeru=okeruka(oku_y, oku_x, turn) 〈置けるか関数起動〉

    print('¥n%s のターン : %s %s には ' % (dturn, a, b)) 〈結果表示〉
    if okeru==0: 〈置けない場合〉
        print(' 置けない :', okeru, '¥n')
    elif okeru==1: 〈置ける場合〉
        print(' 置ける :', okeru, '¥n')
```

2-9-3　黒のターン・白のターンでの実行結果

黒のターン、C3 に駒を置いた結果です。置けると表示されました(**図 2-9-1**)。続けて、白のターン、C5 に駒を置きました。置けると表示されました(**図 2-9-2**)。大成功です。

図 2-9-1　黒ターンＣ３に置いた結果

```
ゼロリセット:
オセロ盤の初期化:
[['-' 'A' 'B' 'C' 'D' 'E' 'F' 'G' 'H' '-']
 ['1' '-' '-' '-' '-' '-' '-' '-' '-' '-']
 ['2' '-' '-' '-' '-' '-' '-' '-' '-' '-']
 ['3' '-' '-' '-' '-' '-' '-' '-' '-' '-']
 ['4' '-' '-' '-' 'W' 'B' '-' '-' '-' '-']
 ['5' '-' '-' '-' 'B' 'W' '-' '-' '-' '-']
 ['6' '-' '-' '-' '-' '-' '-' '-' '-' '-']
 ['7' '-' '-' '-' '-' '-' '-' '-' '-' '-']
 ['8' '-' '-' '-' '-' '-' '-' '-' '-' '-']
 ['-' '-' '-' '-' '-' '-' '-' '-' '-' '-']]

入力例： D 1>

BLACKのターン>
C 4

BLACKのターン：C 4 には
置ける: 1
```

図 2-9-2　白ターンＣ５に置いた結果

```
ゼロリセット:
オセロ盤の初期化:
[['-' 'A' 'B' 'C' 'D' 'E' 'F' 'G' 'H' '-']
 ['1' '-' '-' '-' '-' '-' '-' '-' '-' '-']
 ['2' '-' '-' '-' '-' '-' '-' '-' '-' '-']
 ['3' '-' '-' '-' '-' '-' '-' '-' '-' '-']
 ['4' '-' '-' '-' 'W' 'B' '-' '-' '-' '-']
 ['5' '-' '-' '-' 'B' 'W' '-' '-' '-' '-']
 ['6' '-' '-' '-' '-' '-' '-' '-' '-' '-']
 ['7' '-' '-' '-' '-' '-' '-' '-' '-' '-']
 ['8' '-' '-' '-' '-' '-' '-' '-' '-' '-']
 ['-' '-' '-' '-' '-' '-' '-' '-' '-' '-']]

入力例： D 1>

WHITEのターン>
C 5

WHITEのターン：C 5 には
置ける: 1
```

これで置けるか関数は完成とします。ここまでできるとリバーシプログラムの 60%が完成した感じです。次はリバーシゲームを楽しむことができるように仕上げを進めます。

2-9-4　完成した okeruka() 関数群

第 2 章で完成した okeruka() 関数(**リスト 2-9-4**)と okeruka_sub() 関数(**リスト 2-9-5**)を掲載します。

2-9-4-1　完成した okeruka() 関数

《リスト 2-9-4》完成した okeruka() 関数

```
def okeruka_sub(y,x,turn,shui):  〈サブ okeruka() 関数定義〉
    okeru_flag=0  〈okeru フラグ初期化〉
    print(y,x,turn,shui)  〈yx：置く位置、turn：ターン、shui：①～⑧〉
    print('shui_y=%d,shui_x=%d' % (shui_y[shui],shui_x[shui]))

    if turn==BLACK:  〈黒ターンならば、〉
        koma1=BLACK  〈黒駒セット〉
        koma2=WHITE  〈白駒セット〉
    else:  〈白ターンならば、〉
        koma1=WHITE  〈白駒セット〉
        koma2=BLACK  〈黒駒セット〉

    if board[y,x]!=NONE:  〈yx が空でない場合、〉
        print('check-1¥n')
```

```
        okeru_flag=0 〈置けない
        return 0 〈終了

    temp_x=x+shui_x[shui] 〈x 探索位置セット
    temp_y=y+shui_y[shui] 〈y 探索位置セット

    print('temp_y=%d,temp_x=%d' % (temp_y,temp_x))

    if board[temp_y,temp_x]==NONE: 〈探索位置が空きの場合、
        okeru_flag=0 〈置けない
        print('check1',okeru_flag)
    elif board[temp_y,temp_x]==koma1: 〈探索位置に koma1、
        okeru_flag=0 〈置けない
        print('check2',okeru_flag)
    elif board[temp_y,temp_x]==koma2: 〈探索位置に koma2 があれば、
        while 1: 〈探索開始
            temp_x=temp_x+shui_x[shui] 〈x 探索位置セット
            temp_y=temp_y+shui_y[shui] 〈y 探索位置セット
            print('temp_y=%d,temp_x=%d¥n' % (temp_y,temp_x))
            if temp_x <=0 or temp_y <=0 or temp_x>=9 or temp_y>=9 : 〈探索範囲チェック
                print('check3',okeru_flag)
                return okeru_flag 〈外れていれば、okeru フラグ返す
                break 〈ループ終了
            if board[temp_y,temp_x] == koma2 : 〈探索位置が koma2 の場合、
                okeru_flag=0 〈置けない
                print('check4',okeru_flag)
            elif board[temp_y,temp_x]== koma1 : 〈そうではなくて、探索位置が koma2 の場合、
                okeru_flag=1 〈置ける
                print('check5',okeru_flag)
                return okeru_flag 〈okeru フラグ返す
                break 〈ループ終了
            elif board[temp_y,temp_x]==NONE: 〈そうではなくて、探索位置が空きの場合、
                okeru_flag=0 〈置けない
                print('check6',okeru_flag)
                return okeru_flag 〈okeru フラグ返す
                break 〈ループ終了
```

2-9-4-2　完成した okeruka_sub() 関数

《リスト 2-9-5》完成した okeruka_sub() 関数

```
def okeruka(oku_y,oku_x,turn):  〈サブ okeruka() 関数定義
    oku=0  〈oku フラグ初期化
    for i in range(1,9):  〈①~⑧ループで調査
        oku=okeruka_sub(oku_y,oku_x,turn,i)  〈サブ okeruka() 関数起動
        if oku==1:  〈どこかに置ける場合、
            break  〈for 文終了
    return oku  〈oku フラグを返す
```

コラム2 人工知能AI開発環境とPython

みなさんはこれまでにどのようなAIプログラミング開発環境やコンピュータ言語に触れてきましたか。筆者はパソコンを手に入れて人工無能を体験すると、人工知能AIの可能性を試したくなりました。人工知能AIならLisp言語が最適とさっそく飛びつきましたが、当時はインターネットもなく、書籍頼みの自習ではさっぱり進みません。プロンプトにちまちまと単発コマンドを打ち込んだ程度でLispはあきらめてしまいました。

就職してからはもっぱらC言語に親しみました。C言語では三目並べなどを試しつつリバーシを制作しました。自力でたどり着けたのが本書で紹介した乱数あいぴのプロトタイプにあたるC言語版です。

ふと気が付くと人工知能AIに最適のPython言語が普及し始めています。筆者が入門したころはVer2.7からVer3.0に移行する頃で、どちらで記述すればいいのか戸惑いながら試行錯誤しました。

Pythonが人工知能AIに適していると言われる理由は、人工知能AI向けのライブラリが揃っていること、文字がとても扱いやすいことだと思います。

人工知能AIプログラミングの黎明期には、関連する全てのプログラムを自分で入力するする必要がありました。初期の入門書には一から制作する方法を細かく記述されているものもあり、動作までにはかなりの量のプログラミングが必要でした。せっかくPythonを始めたのに人工知能AIにたどり着く前にフェードアウトしてしまうのかと半ばあきらめていました。

どうしたものかと思案しているうちにPython向け人工知能ライブラリが世界中で作られて公開されはじめました。その一つがTensorflowです。フレームワークとも呼ばれます。Tensorflowをさらに有効に使えるように工夫したラッパーと呼ばれる上位フレームワークがKerasです。この二つは人工知能AIのディープラーニングを手軽に実現できるように工夫されています。

Python用人工知能AI向けライブラリには、日本企業が開発したChainer、データ分析用Pandas、機械学習ライブラリのscikit-learnなどが有名です。

Pythonから人工知能AIを扱うときによく利用されるライブラリとして、グラフ表示用matplotlib、画像処理用OpenCV、行列処理用Numpy、科学技術計算用Scipy、ネットデータ抜き出し用BeautifulSoup、PyQueryなどがあります。

またPythonを動かす環境として、JupyterNotebook、Anacondaがあります。本書では最も手軽なGoogle ColaboratoryをPython実行環境として採用しています。これらの便利なライブラリや環境は必要に応じて少しずつ取り込めばいいと思います。

他にも多くのPython向け人工知能ライブラリが公開されています。そんな理由でPythonが人工知能に最適な言語のひとつとしての地位を確立したのだと思います。

第3章

駒を裏返してリバーシらしくする

3-1 駒を裏返す

時間をかけて okeruka() 関数が完成しました。リバーシは駒を置けることがわかれば、駒を裏返すプログラムは比較的簡単に構成できます。

3-1-1　駒を裏返す考え方

okeruka() 関数を起動し、置けるかどうか判定します。置ける場合、縦横斜めに自分の駒ではさんだ相手の駒を裏返します (**リスト 3-1-1**)。

《リスト 3-1-1》駒を裏返す考え方

```
if　置けるか :
  置ければ裏返す
else :
  どこにも置けなければパス
```

C4 に黒を置けば、⑧ D4 で白を発見、その先の E4 で黒を発見します。その結果、条件を満たして、⑧ D4 を裏返して黒にすることができます (**図 3-1-1**)。

図 3-1-1　C4 に黒を置いて裏返す

	A	B	C	D	E	F	G	H
1								
2		①	②	③				
3		④		⑤				
4		⑥	● ⑦	⑧○	●			
5				●	○			
6								
7								
8								

3-1-2　駒を裏返す関数を Python で実装する

駒の黒白交互に置くことでリバーシ対戦を楽しむことができます。相手の駒を裏返す関数を作りましょう。今回は turn ＝黒の 1 回のみを考えます。裏返す関数は、関数本体 uragaesu() とサブ関数 uragaesu_sub() により構成されます。

3-1-2-1　サブ関数 uragaesu_sub()

自分の駒と相手の駒があれば、裏返す動作を行います (**リスト 3-1-2**)。

《リスト 3-1-2》uragaesu_sub() 関数

```
def uragaesu_sub(y,x,turn,shui):
        koma1= 自分の駒
        koma2= 相手の駒

    while 1:#①～⑧の方向をセット
        temp_x=x+shui_x[shui]   〈一つ向こうのマス〉
        temp_y=y+shui_y[shui]
        if board[temp_y,temp_x]== 自分の駒 :
          自分と同じ駒があれば何もしない
        elif board[temp_y,temp_x]== 相手の駒 :
          相手の駒があれば自分の駒とする。つまり裏返す。
```

3-1-2-2 メイン関数 uragaesu()

okeruka_sub 関数を起動して①～⑧方向をチェックします。置ける場合、uragaesu_sub() 関数を起動します（**リスト 3-1-3**）。

《リスト 3-1-3》uragesu() 関数

```
def uragaesu(oku_y,oku_x,turn):
    koma1= 自分の駒
    koma2= 相手の駒
    okeru=0
    for i in range(1,9): ①～⑧方向チェック
        okeru_flag=okeruka_sub をチェック
        if  置ける :
              uragaesu_sub を起動
```

3-1-3 駒を裏返すプログラムリスト

駒を裏返すプログラムリストです（**リスト 3-1-4**）。今回より盤面表示を少しだけグレードアップしました。

《リスト 3-1-4》駒を裏返すプログラム

```
#!/usr/bin/python3
# -*- coding:utf-8 -*-

# 初期設定  〈リスト 1-2-9、リスト 2-5-6 参照〉

def disp_board():  〈ちょっとだけグレードアップ〉
      print('   A B C D E F G H')  〈横軸表示〉
      for y in range(1,9):  〈縦軸用〉
          print(y,' ',end="")
```

```
        for x in range(1,9):  横軸用
            if board[y,x]==NONE:  駒がない場合、
                print('-',end="")  ーを表示
            elif board[y,x]==WHITE:  白の場合、
                print('O',end="")  O を表示
            elif board[y,x]==BLACK:  黒の場合、
                print('*',end="")  * を表示
            print(' ',end="")
        print('¥n',end="")
    print(' 置いた駒の数 :',np.count_nonzero(board))  置いた駒の数表示

def init_board():
  リスト 1-2 参照

def okeruka_sub(y,x,turn,shui):
  リスト 2-9-5 参照

def okeruka(oku_y,oku_x,turn):
  リスト 2-9-4 参照

def uragaesu_sub(y,x,turn,shui):  裏返すサブ関数
    global board  board グローバル宣言
    okeru_flag=0  okeru フラグ初期化
    if turn==BLACK:  ターン黒の場合、
        koma1=BLACK  黒駒セット
        koma2=WHITE  白駒セット
    else:  ターン白の場合、
        koma1=WHITE  白駒セット
        koma2=BLACK  黒駒セット

    while 1:  ①～⑧方向に裏返す
        temp_x=x+shui_x[shui]  x 一つ向こうへ
        temp_y=y+shui_y[shui]  y 一つ向こうへ
        if board[temp_y,temp_x]==koma1:  自分と同じ駒があれば、終わり
            return okeru_flag  終わり
        elif board[temp_y,temp_x]==koma2:  相手の駒があれば、
            board[temp_y,temp_x]=koma1  裏返す

def uragaesu(oku_y,oku_x,turn):  裏返すメイン関数
    global board  board グローバル宣言
    okeru_flag=0  okeru フラグ初期化

    if turn==BLACK:  ターン黒
        koma1=BLACK  黒駒セット
        koma2=WHITE  白駒セット
    else:  ターン白
```

```
        koma1=WHITE  〈白駒セット
        koma2=BLACK  〈黒駒セット

    okeru=0  okeru フラグ初期化
    for i in range(1,9):  〈①~⑧方向チェック
        okeru_flag=okeruka_sub(oku_y,oku_x,turn,i)  〈置けるかチェック
        if okeru_flag==1:  〈置ける場合
            uragaesu_sub(oku_y,oku_x,turn,i)  〈裏返す sub 関数起動
            okeru=1  〈okeru フラグ =1
        if okeru==1  〈裏返し発生
            board[oku_y,oku_x]=koma1  〈裏返す
    return okeru  〈okeru フラグ返す

# main
if __name__ == "__main__":
    print(' ＊＊＊  あいぴのオセロ python 版 ver0.1  ＊＊＊¥n')
    init_board()  〈盤面初期化
    disp_board()  〈盤面表示

    turn=BLACK  〈ターン黒
    okeru_flag=0  〈okeru フラグ初期化
    oku_flag=0  〈oku フラグ初期化

    if turn==WHITE:  〈ターン表示文字セット
        dturn='WHITE'  〈白セット
    else:
        dturn='BLACK'  〈黒セット

    print('¥n%s のターン ex:C 4 >' % (dturn))  〈キーボード入力
    a,b=input().split()  〈キーボード入力受付
    oku_x=ord(a)-0x40  〈x 軸 A～H を 1～8 整数変換
    oku_y=int(b)  〈y 軸 1～8 整数変換

    #print(' 変換 : ',oku_x,oku_y)

    okeru=okeruka(oku_y,oku_x,turn)  〈oku_x,oku_y に置けるかどうかをチェック
    print('¥n%s のターン : %s %s には ' % (dturn,a,b))
    if okeru==0:  〈置けない場合
        print(' 置けない :',okeru,'¥n')
    elif okeru==1:  〈置ける場合
        print(' 置ける :',okeru,'¥n')
        uragaesu(oku_y,oku_x,turn)  〈裏返し関数起動

    disp_board()  〈盤面表示
```

3-1-4　裏返すプログラムの実行結果

黒のターン、C4 に置いたところ、D4 白が黒に裏返りました。大成功です(図 3-1-2)。

図3-1-2　D4 が裏返えった

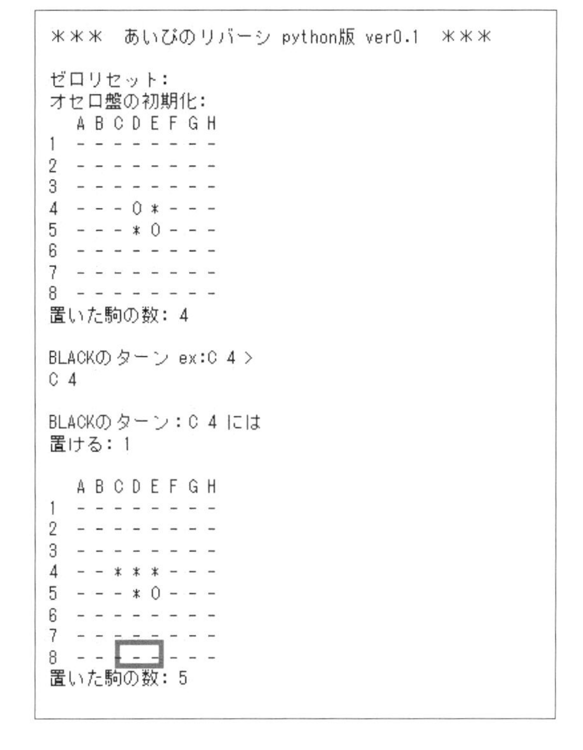

```
*** あいびのリバーシ python版 ver0.1 ***

ゼロリセット:
オセロ盤の初期化:
  A B C D E F G H
1 - - - - - - - -
2 - - - - - - - -
3 - - - - - - - -
4 - - - O * - - -
5 - - - * O - - -
6 - - - - - - - -
7 - - - - - - - -
8 - - - - - - - -
置いた駒の数: 4

BLACKのターン ex:C 4 >
C 4

BLACKのターン：C 4 には
置ける: 1

  A B C D E F G H
1 - - - - - - - -
2 - - - - - - - -
3 - - - - - - - -
4 - - * * * - - -
5 - - - * O - - -
6 - - - - - - - -
7 - - - - - - - -
8 - - - - - - - -
置いた駒の数: 5
```

3-2 人間対人間のゲームができる

はさんだ駒を裏返すことができるようになりました。黒白交互に駒を置くことで、人間対人間によるゲームができるようにプログラミングしましょう。ここでは終わりの判定は行っていません。

3-2-1　人間対人間ゲームの考え方

リバーシのルールでは、先攻は黒固定です。その後は白黒を交互に繰り返せば対戦となります（**リスト 3-2-1**）。

《リスト 3-2-1》人間対人間のゲーム

```
# メインルーチン
    while 1:
        キーボードより駒を置く位置の入力
        okeruka() 関数により置けるかどうか調査する

        if 駒を置けない場合 :
            置けないと表示
        elif 駒を置ける場合 :
            裏返す
            黒白の交代
        disp_board()
```

3-2-2　人間対人間用のプログラムリスト

初期設定と既出の関数は省略しています (**リスト 3-2-2**)。

《リスト 3-2-2》人間対人間がゲームできる

```
#!/usr/bin/python3
# -*- coding:utf-8 -*-

print(' ＊＊＊　あいぴのリバーシ python 版 Ver0.2　＊＊＊ ¥n')

# 初期設定　〈リスト 1-2-9、リスト 2-5-6 参照〉
def init_board():　〈リスト 1-2-9 参照〉
def disp_board():　〈リスト 3-1-3 参照 ( 改良版 )〉

def okeruka_sub(y,x,turn):　〈リスト 2-9-5 参照〉
def okeruka(oku_y,oku_x,turn):　〈リスト 2-9-4 参照〉
```

```
def uragaesu_sub(y, x, turn, shui):  〈リスト3-1-4参照〉
def uragaesu(oku_y, oku_x, turn):  〈リスト3-1-4参照〉

#disp()

# main
if __name__ == "__main__":
    init_board()  〈盤面初期化〉
    disp_board()  〈盤面表示〉

    turn=BLACK  〈黒先攻〉

    okeru_flag=0  〈okeruフラグ初期化〉
    oku_flag=0  〈okuフラグ初期化〉
    while 1:  〈ゲームループ〉
        if turn==WHITE:  〈表示用駒　ターンが白ならば、〉
            dturn='白'  〈白セット〉
        else:  〈黒ならば、〉
            dturn='黒'  〈黒セット〉
        print('¥n%sのターン ex:C 3 >' % (dturn))  〈入力用メッセージ表示〉

        a,b=input().split()  〈a,bにキーボード入力〉
        if ord(b)>=0x61:  〈aの処理　小文字の場合、〉
            oku_x=ord(a)-0x60  〈A～Hを1～8に変換〉
        else:  〈大文字の場合、〉
            oku_x=ord(a)-0x40  〈A～Hを1～8に変換〉
        oku_y=int(b)  〈bの処理　整数変換〉

        okeru=okeruka(oku_y, oku_x, turn)  〈okeruka関数起動〉

        print('¥n%sのターン：%s %s には' % (dturn, a, b))  〈ゲーム状況表示〉

        if okeru==0:  〈置けない場合〉
            print('置けない：', okeru, '¥n')
        elif okeru==1:  〈置ける場合〉
            print('置ける：', okeru, '¥n')
            uragaesu(oku_y, oku_x, turn)  〈裏返す関数起動〉
            if turn==BLACK:  〈攻守交替　黒ならば、〉
                turn=WHITE  〈白セット〉
            else:  〈白ならば、〉
                turn=BLACK  〈黒セット〉

        disp_board()  〈盤面表示〉
```

3-2-3 実行結果

黒 C4、白 C5 と交互に駒を置いてゲームを進めます。黒 C4、白 C5 と駒を置き、ゲームを進めます（**図 3-2-1**）。

・・・途中経過省略・・・

黒 A7、白 A8、これで終了！です。手で数えた結果、黒 34：白 30 より黒の勝ちです（**図 3-2-2**）。ようやくリバーシゲームができるようになりましたが、終わり判定なし、駒も数えてくれません。プログラムも終了しません。ちょっと寂しいですね。

図 3-2-1 人間対人間のゲーム序盤戦

```
***  あいぴのリバーシ python版 Ver0.2  ***

ゼロリセット:
オセロ盤の初期化:
   A B C D E F G H
1  - - - - - - - -
2  - - - - - - - -
3  - - - - - - - -
4  - - - 0 * - - -
5  - - - * 0 - - -
6  - - - - - - - -
7  - - - - - - - -
8  - - - - - - - -
置いた駒の数: 4

黒のターン ex:C 3 >
C 4

黒のターン：C 4 には
置ける: 1

   A B C D E F G H
1  - - - - - - - -
2  - - - - - - - -
3  - - - - - - - -
4  - - * * * - - -
5  - - - * 0 - - -
6  - - - - - - - -
7  - - - - - - - -
8  - - - - - - - -
置いた駒の数: 5

白のターン ex:C 3 >
C 5

白のターン：C 5 には
置ける: 1

   A B C D E F G H
1  - - - - - - - -
2  - - - - - - - -
3  - - - - - - - -
4  - - * * * - - -
5  - - 0 0 0 - - -
6  - - - - - - - -
7  - - - - - - - -
8  - - - - - - - -
置いた駒の数: 6
```

図 3-2-2 ちょっと寂しいゲーム終了

```
   A B C D E F G H
1  * * * * * * * *
2  0 0 0 0 0 0 0 *
3  0 0 * 0 0 * 0 *
4  0 * 0 * 0 0 * *
5  0 * 0 * 0 * * *
6  0 * * 0 0 * * *
7  - * * 0 0 * * *
8  - * * * 0 0 0 0
置いた駒の数: 62

黒のターン ex:C 3 >
A 7

黒のターン：A 7 には
置ける: 1

   A B C D E F G H
1  * * * * * * * *
2  * 0 0 0 0 0 0 *
3  * 0 * 0 0 * 0 *
4  * * 0 * 0 0 * *
5  * * 0 * 0 * * *
6  * * * 0 0 * * *
7  * * * 0 0 * * *
8  - * * * 0 0 0 0
置いた駒の数: 63

白のターン ex:C 3 >
A 8

白のターン：A 8 には
置ける: 1

   A B C D E F G H
1  * * * * * * * *
2  * 0 0 0 0 0 0 *
3  * 0 * 0 0 * 0 *
4  * * 0 * 0 0 * *
5  * * 0 0 0 * * *
6  * * 0 0 0 * * *
7  * 0 * 0 0 * * *
8  0 0 0 0 0 0 0 0
置いた駒の数: 64

黒のターン ex:C 3 >
```

3-3 パスとゲーム終了判定

3-3-1　パスと終了判定

リバーシは黒先攻を基本ルールとし、白黒が交互に駒を打ちます。盤面のどこにも打つことができないときはパスします。黒白どちらも打つことができない、または盤面が全て埋まればゲーム終了です。このパスとゲーム終了判定を実装します。

3-3-1-1　パスの判定

黒白の各ターンにおいてどこにも置くことができない場合は、パスと判定します。

3-3-1-2　終了判定

黒白両者がどこにも置くことができなくなった場合、ゲーム終了判定とします。

3-3-2　プログラムの考え方

ゲーム状況判定関数 owarika() を実装して、状況判定します。

3-3-2-1　ゲーム状況判定関数 owarika() の仕様

この関数はゲーム状況に応じて 0 ～ 2 を返します。

ゲーム続行：0

パス：1

ゲーム終了：2

3-3-2-2　owarika() の構成

ゲーム状況判定関数 owarika() は次のように構成します（リスト 3-3-1)。

《リスト 3-3-1》owarika() の構成

```
def owarika(turn):
    自分のターンにおいて置けるかどうかボード内をすべてチェックします。
    if 置ける:
        メインに戻ってゲーム続行
        return 0

    上で置けない場合次のターンをチェック
    黒白ターンの交代
    if 置ける:
```

```
        次は置けるので前のターンはパスと認定
        return 1

    双方置けないので試合終了
        return 2
```

3-3-4　プログラムリスト

パスとゲーム終了判定を実装したリバーシプログラムです (リスト 3-3-2)。

《リスト 3-3-2》パスとゲーム終了判定付きプログラム

```
#!/usr/bin/python3
# -*- coding:utf-8 -*-
print(' ＊＊＊　あいぴのリバーシ python 版 Ver0.3　＊＊＊¥n')

# 初期設定 〈リスト 1-2-9、リスト 2-5-6 参照〉
def init_board(): 〈リスト 1-2-9 参照〉
def disp_board(): 〈リスト 3-1-4 参照（改良版）〉

def okeruka_sub(y,x,turn): 〈リスト 2-9-5 参照〉
def okeruka(oku_y,oku_x,turn): 〈リスト 2-9-4 参照〉

def uragaesu_sub(y,x,turn,shui): 〈リスト 3-1-4 参照〉
def uragaesu(oku_y,oku_x,turn): 〈リスト 3-1-4 参照〉

def owarika(turn): 〈owarika 終了判定〉
    for y in range(1,9): 〈今のターンで置けるかボード内を全てチェック〉
        for x in range(1,9):
            if okeruka(y,x,turn)==1: 〈まだ置けるので、〉
                return 0 〈試合続行〉

    〈ここまでくると置けないことが確定〉
    if turn==BLACK: 〈ターンが黒ならば、〉
        turn=WHITE 〈次のターンは白〉
    else: 〈ターンが白ならば、〉
        turn=BLACK 〈次のターンは黒〉

    for y in range(1,9): 〈次のターンをチェック〉
        for x in range(1,9):
            if okeruka(y,x,turn)==1: 〈次のターンが置ける場合、〉
                return 1 〈前ターンはパスと判定〉

    return 2 〈黒白ともに置けないので試合終了〉

# main
```

```
if __name__ == "__main__":
    init_board() 〈盤面初期化
    disp_board() 〈盤面表示
    turn=WHITE 〈ターン白
    okeru_flag=0 〈okeru フラグ初期化
    oku_flag=0 〈oku フラグ初期化

    while 1: 〈ゲーム継続ルーチン本体

        if turn==WHITE: 〈ターンが白の場合、
            dturn='白' 〈表示用白セット
        else: 〈ターンが黒の場合、
            dturn='黒' 〈表示用黒セット

        owari_flag=owarika(turn) 〈owarika() 関数ゲーム状況チェック起動

        if owari_flag==0: 〈返り値が 0 ならば、
            print('試合続行 ') 〈試合続行
        elif owari_flag==1: 〈返り値が 1 ならば、
            print('パス ') 〈パス
            if turn==BLACK: 〈ターンが黒の場合、
                turn=WHITE 〈ターンは白
            else: 〈ターンが白の場合、
                turn=BLACK 〈ターンは黒
        elif owari_flag==2: 〈返り値が 2 ならば、
            print('¥n ゲーム終了 ')
            break 〈ゲーム終了処理

        print('¥n%s のターン ex:a1 or A1 >' % (dturn)) 〈ターン表示

        inp_ab=input() 〈キーボード入力
        a,b=inp_ab[:1],inp_ab[1:] 〈a,b に A ～ H と 1 ～ 8 を代入
        if ord(a)>=0x61: 〈a ～ h 小文字の場合、
            oku_x=ord(a)-0x60 〈1 ～ 8 に変換
        else: 〈A ～ H 大文字の場合、
            oku_x=ord(a)-0x40 〈1 ～ 8 に変換
        oku_y=int(b) 〈1 ～ 8 を整数値に変換
        print('oku_y,oku_x=',oku_y,oku_x)

        okeru=okeruka(oku_y,oku_x,turn) 〈okeruka() 関数起動

        print('¥n%s のターン : %s %s には ' % (dturn,a,b))
        if okeru==0: 〈置けない場合、
            print('置けない :',okeru,'¥n')
        elif okeru==1: 〈置ける場合、
            print('置ける :',okeru,'¥n')
```

```
            uragaesu(oku_y,oku_x,turn)  〈裏返し関数起動
            if turn==BLACK:  〈ターンが黒の場合、
                turn=WHITE  〈ターン白
            else:  〈ターンが白の場合、
                turn=BLACK  〈ターン黒

        disp_board()  〈盤面表示
```

3-3-5 実行結果

白 A2 → 黒 A1 → ゲーム終了となりました。ようやく最後までゲームを進め、終了判定を得ることができました（**図 3-3-1**）。なお、置いた駒の数が 100 となっているのは、10 × 10 マス内全てをカウントしているためです。

図 3-3-1 ゲーム終了判定ができた

```
白のターン ex:a1 or A1 >
a2
oku_y,oku_x= 2 1

白のターン:a 2 には
置ける: 1

  A B C D E F G H
1 - * * * * * * *
2 O * * * * * * *
3 * O * * * * * *
4 * * O O O * * *
5 * * * O * * * *
6 * * * * * * * *
7 * * * * * * * *
8 * * * * * * * *
置いた駒の数: 99
試合続行

黒のターン ex:a1 or A1 >
a1
oku_y,oku_x= 1 1

黒のターン:a 1 には
置ける: 1

  A B C D E F G H
1 * * * * * * * *
2 * * * * * * * *
3 * O * * * * * *
4 * * O O O * * *
5 * * * O * * * *
6 * * * * * * * *
7 * * * * * * * *
8 * * * * * * * *
置いた駒の数: 100

ゲーム終了
```

3-4 キーボード入力判定

3-4-1　入力判定

リバーシは A1、B4 のように　英字・数字　の順番で駒位置を入力します。これまでは B4 を 4B、44 などの入力はエラーとなりプログラムが停止しました。ゲームがいいところまで進んだ頃にエラーが出ると本当にがっかりします。そこで、入力ミスをチェックし、入力し直しができるようにしましょう。

3-4-2　考え方

3-4-2-1 入力の範囲

入力はリバーシルールに準拠します。

OK：B4、b4

NG：4b、44　など

許される文字は次のように表現します。

'a' <= a and a <= 'h'　小文字の a~h

'A' <= a and a <= 'H'　大文字の A ～ H

'1' <= b and b <= '8'　数字の 1 ～ 8

3-4-2　プログラムの構成

キーボードからの入力後、文字と数字に一文字ずつに分解し、チェックします。許される範囲の文字でなければ入力ミスと表示し、再入力を促します（リスト 3-4-1）。

《リスト 3-4-1》入力チェックの構成

```
while 1 :  〈キー入力〉
           キー入力
           前後文字分解
           if  入力範囲判定 :
               break 〈入力OK〉
           else :
               入力ミスあり
```

3-4-3　Python による入力チェックの実装

入力チェックを Python で実装してみましょう（リスト 3-4-2）。

《リスト 3-4-2》入力チェックプログラム

```
        while 1 :  〈キーボード入力ループ
            inp_ab=input()  〈キーボード入力
            a,b=inp_ab[:1],inp_ab[1:]  〈a,b 文字分解
            if (('a'<=a and a<='h') or ('A' <=a and a<= 'H'))
                and ('1'<=b and b<= '8') :  〈入力範囲判チェック
                break  〈ループ離脱
            else :  〈ループへ戻る
                print(' 入力ミスです！')
```

3-4-4　キーボード入力判定を実装したプログラム全体

キーボード入力判定プログラムを実装したリバーシプログラムです (リスト 3-4-3)。

《リスト 3-4-3》キーボード入力チェック付き

```
#!/usr/bin/python3
# -*- coding:utf-8 -*-

print(' ＊＊＊  あいぴのリバーシ python 版 Ver0.4  ＊＊＊ ¥n')

# 初期設定  〈リスト 1-2、リスト 2-5-6 参照
def init_board():  〈リスト 1-2-9 参照
def disp_board():  〈リスト 3-1-4 参照 (改良版)

def okeruka_sub(y,x,turn):  〈リスト 2-9-5 参照
def okeruka(oku_y,oku_x,turn):  〈リスト 2-9-4 参照

def uragaesu_sub(y,x,turn,shui):  〈リスト 3-1-4 参照
def uragaesu(oku_y,oku_x,turn):  〈リスト 3-1-4 参照
def owarika(turn):  〈リスト 3-3-2 参照



# main
if __name__ == "__main__":

    init_board()  〈盤面初期化

    turn=BLACK  〈先攻ターン黒設定
    #turn=WHITE  〈白の場合
    okeru_flag=0  〈okeru フラグ初期化
    oku_flag=0  〈oku フラグ初期化

    while 1:  〈ゲームループ
        disp_board()  〈盤面表示
```

```
oku_x=0  〈置く位置 x 初期化
oku_y=0  〈置く位置 x 初期化

if turn==BLACK:  〈ターン黒の場合、
    dturn='黒'  〈黒表示セット
else:  〈ターン白の場合、
    dturn='白'  〈白表示セット
print('¥n%s のターン ex:a1 or A1>' % (dturn))  〈入力表示

owari_flag=owarika(turn)  〈パスと終了判定 owarika() 起動

if owari_flag==0:  〈試合続行の場合、
    print('試合続行 ')
elif owari_flag==1:  〈パスの場合、
    print('パス ')
    if turn==BLACK:  〈ターン黒の場合、
        turn=WHITE  〈ターン白セット
    else:  〈ターン白の場合、
        turn=BLACK  〈ターン黒セット
elif owari_flag==2:  〈ゲーム終了
    print('¥n ゲーム終了')
    break  〈ループ離脱

if turn==BLACK:  〈ターン黒の場合、
    dturn='黒'  〈表示黒セット
else:  〈ターン白の場合、
    dturn='白'  〈表示白セット
print('¥n%s のターン ex:a1 or A1>' % (dturn))  〈入力表示

while 1 :  〈キーボード入力ループ
    inp_ab=input()  〈キーボード入力
    a,b=inp_ab[:1],inp_ab[1:]  〈入力文字 a,b に代入
    if (('a'<=a and a<='h') or ('A' <=a and a<= 'H'))
                    and ('1'<=b and b<= '8') :  〈入力範囲判定
        break  〈ミスなければループ離脱
    else :  〈ミスアリの場合、
        print('入力ミスです！')  〈ループ続行、再入力

if ord(a)>=0x61 :  〈小文字の場合、
    oku_x=ord(a)-0x60  〈a ～ h を 1 ～ 8 に変換
else:  〈大文字の場合、
    oku_x=ord(a)-0x40  〈A ～ H を 1 ～ 8 に変換

oku_y=int(b)  〈1 ～ 8 を整数変換

okeru=okeruka(oku_y,oku_x,turn)  〈置けるかどうか okeruka() 関数起動
```

```
print('¥n%s のターン : %s %s には' % (dturn,a,b),end="")  〈状況表示

if okeru==0:  〈置けない場合
    print(' 置けない¥n')
elif okeru==1:  〈置ける場合
    print(' 置ける¥n')
    uragaesu(oku_y,oku_x,turn)  〈裏返し関数起動
    if turn==BLACK:  〈ターン黒の場合、
        turn=WHITE  〈白セット
    else:  〈ターン白の場合、
        turn=BLACK  〈黒セット
```

3-4-5　キーボード入力判定プログラムの実行結果

わざと入力ミスしました。3A と入力→ 入力ミスと表示→ a4 と入力→ 入力受付→ ゲーム続行入力ミスがきちんと判断され、エラーを回避できるようになりました(図 3-4-1)。

図 3-4-1　入力ミスの表示

```
  A B C D E F G H
1 - * * * * * * *
2 - * * * * * * *
3 - * * * * * * *
4 - * * * O * * *
5 * * * O * * * *
6 * * * * * * * *
7 * * * * * * * *
8 * * * * * * * *
置いた駒の数: 96

白のターン ex:a1 or A1>
試合続行

白のターン ex:a1 or A1>
3A
入力ミスです!
a4

白のターン:a 4 には置ける

  A B C D E F G H
1 - * * * * * * *
2 - * * * * * * *
3 - * * * * * * *
4 O O O O O * * *
5 * * * O * * * *
6 * * * * * * * *
7 * * * * * * * *
8 * * * * * * * *
置いた駒の数: 97

黒のターン ex:a1 or A1>
試合続行

黒のターン ex:a1 or A1>
A3

黒のターン:A 3 には置ける
```

3-5 勝敗を判定する

3-5-1　勝敗判定

駒入力判定やゲーム終了判定を実装することができましたか。

ここではゲーム終了時に黒白の取った駒数をカウントして表示します。その結果、黒白どちらが勝ったのか勝敗判定を行い、表示します。これで対人リバーシとしては完成です。今回よりリバーシ盤面表示をグレードアップします。

3-5-2　プログラムの構成

3-5-2-1　盤面表示のグレードアップ

○と●を駒として表示し、リバーシ盤面らしさを表現します。グレードアップしたと思いますが、いかがでしょうか（**リスト 3-5-1**）。

《リスト 3-5-1》グレードアップ表示

```
def disp_board():〈グレードアップ表示関数
```

●、○を使用し見やすくする。それに伴い文字間隔を調整

3-5-2-2　勝敗判定と駒数カウント

勝敗判定は、ゲーム終了後にボード内の黒と白の駒数をカウントし、白黒どちらが勝ったのか判定します（**リスト 3-5-2**）。

《リスト 3-5-2》hantei() 関数

```
def hantei():
    for y in range(1,9):  ボード内検索
        for x in range(1,9):
            黒のカウント
            白のカウント
    黒白の勝敗と駒数の表示
```

3-5-3　勝敗判定できるプログラムリスト

勝敗判定できるプログラムリストを掲載します（**リスト 3-5-3**）。

《リスト 3-5-3》勝敗判定とグレードアップ表示

```
#!/usr/bin/python3
# -*- coding:utf-8 -*-

print(' ＊＊＊  あいぴのリバーシ python 版 Ver0.5  ＊＊＊ ¥n')

# 初期設定 〈リスト 1-2、リスト 2-5-6 参照〉
def init_board(): 〈リスト 1-2 参照〉
def okeruka_sub(y,x,turn): 〈リスト 2-9-5 参照〉
def okeruka(oku_y,oku_x,turn): 〈リスト 2-9-4 参照〉

def uragaesu_sub(y,x,turn,shui): 〈リスト 3-1-4 参照〉
def uragaesu(oku_y,oku_x,turn): 〈リスト 3-1-4 参照〉
def owarika(turn): 〈リスト 3-3-2 参照〉

def disp_board(): 〈グレードアップ表示関数〉
      print('    A  B  C  D  E  F  G  H') 〈x 横軸表示〉
      for y in range(1,9): 〈y 縦軸カウント〉
          print(y,' ',end="")
          for x in range(1,9): 〈x 横軸カウント〉
              if board[y,x]==NONE: 〈何もない場合、〉
                  print('—',end="") 〈—表示〉
              elif board[y,x]==WHITE: 〈白の場合、〉
                  print(' ○ ',end="") 〈○表示〉
              elif board[y,x]==BLACK: 〈黒の場合、〉
                  print(' ● ',end="") 〈●表示〉
              print(' ',end="")
          print('¥n',end="")
      print(' 置いた駒の数 :',np.count_nonzero(board)) 〈駒の数カウント表示〉

def hantei(): 〈勝敗判定 hantei() 関数〉
    bcount=0 〈黒カウント用〉
    wcount=0 〈白カウント用〉
    for y in range(1,9): 〈y 縦軸〉
        for x in range(1,9): 〈x 横軸〉
            if board[y,x]==BLACK: 〈黒の場合、〉
                bcount +=1 〈黒 +1〉
            elif board[y,x]==WHITE: 〈白の場合、〉
                wcount +=1 〈白 +1〉
    print(' ＊＊ ●%d : ○%d の結果 ' % (bcount,wcount),end="")
    if bcount > wcount : 〈黒 > 白の場合、〉
        print(' ●の勝ち ＊＊') 〈黒の勝ち〉
    elif wcount > bcount : 〈白 > 黒の場合、〉
        print(' ○の勝ち ＊＊') 〈白の勝ち〉
    elif wcount==bcount : 〈白 = 黒の場合、〉
        print(' 引き分け ＊＊') 〈引き分け〉
```

```
# main
if __name__ == "__main__":

    # 初期処理
    init_board()  〈盤面初期化〉
    turn=BLACK  〈ターン黒〉
    #turn=WHITE  〈白の場合〉
    okeru_flag=0  〈okeru フラグ初期化〉
    oku_flag=0  〈oku フラグ初期化〉

    while 1:
        disp_board()  〈盤面表示〉



        owari_flag=owarika(turn)  〈終わりかどうかのチェック〉

        if owari_flag==0:  〈ゲーム続行の場合、〉
            print('¥n 試合続行 ',end="")  〈続行表示〉
        elif owari_flag==1:  〈パスの場合、〉
            print('¥n パス ',end="")
            if turn==BLACK:  〈ターンが黒の場合、〉
                turn=WHITE  〈白を代入〉
            else:  〈ターンが黒の場合、〉
                turn=BLACK  〈黒を代入〉
            #print('pass turn',turn)
        elif owari_flag==2:  〈ゲーム終了の場合、〉
            print('¥n ＊＊＊＊  試合終了  ＊＊＊＊ ¥n')
            hantei()  〈判定と駒数のカウント〉
            break  〈ループ脱出〉

        〈ゲーム続行　入力処理〉
        okeru=okeruka(oku_y,oku_x,turn)  〈置けるかどうか〉

        if okeru==0:  〈置けない場合〉
            #print(' 置けない ¥n')
            okeru=0 #dummy
        elif okeru==1:  〈置ける場合〉
            #print(' 置ける ¥n')
            uragaesu(oku_y,oku_x,turn)  〈uragaesu 関数起動〉
            if turn==BLACK:  〈ターン黒の場合、〉
                turn=WHITE  〈ターン白代入〉
            else:  〈ターン白の場合、〉
                turn=BLACK  〈ターン黒代入〉
```

3-5-4　駒数カウントと勝敗判定の実行結果

ゲームを最後まで進め、白黒駒数カウントと勝敗判定を確認します。黒 59 対白 5 の結果、黒の勝ちと表示されました（**図 3-5-1**）。大成功です。これで対人リバーシゲームは完成です。リバーシを楽しみましょう。

ここまでで、Python の基本的なプログラミングテクニックはほぼ出揃ったと思います。自分好みのリバーシに発展させてテクニックを磨いてください。

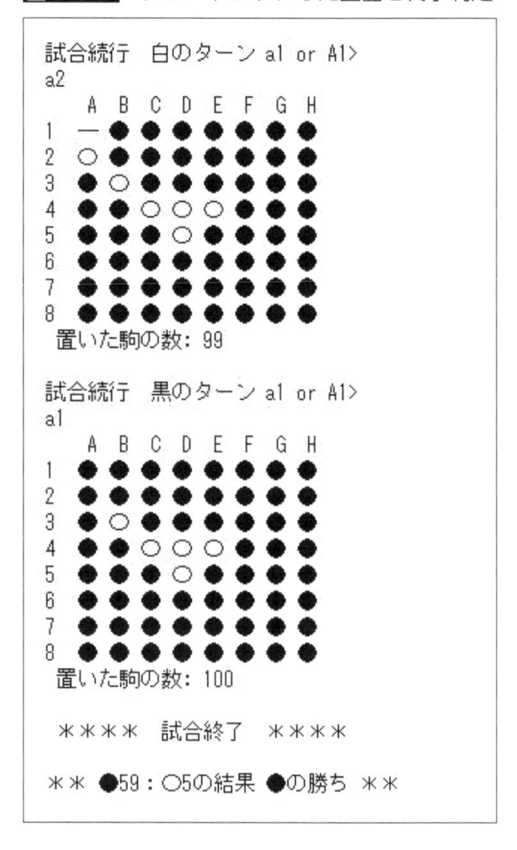

図 3-5-1　グレードアップした盤面と終了判定

3-5-5　リバーシ人間対人間対戦プログラム省略なしリスト掲載

人間対人間による対戦ができるリバーシプログラム省略なしのリストをこれまでのまとめとして掲載します。全体を通してプログラムを考えることで新たな発見があるかもしれません。ご活用ください（**リスト 3-5-4**）。

《リスト 3-5-4》リバーシ人間対人間対戦プログラム全リスト

```
#!/usr/bin/python3
# -*- coding:utf-8 -*-

print(' ＊＊＊　あいぴのリバーシ python 版 Ver0.5　＊＊＊¥n')

import numpy as np  〈numpy 配列使用宣言

NONE=0  〈定数宣言
BLACK=1
WHITE=2
A=1
```

```
B=2
C=3
D=4
E=5
F=6
G=7
H=8

shui_x=np.array([0,-1,0,1,-1,1,-1,0,1]) #[1~9]  〈差分配列定義
shui_y=np.array([0,-1,-1,-1,0,0,1,1,1]) #[1~9]

global board  〈グローバル変数宣言
global okeru_flag


def disp_board():  〈盤面表示
      print('    A  B  C  D  E  F  G  H')
      for y in range(1,9):
          print(y,' ',end="")
          for x in range(1,9):
              if board[y,x]==NONE:
                  print('—',end="")
              elif board[y,x]==WHITE:
                  print(' ○ ',end="")
              elif board[y,x]==BLACK:
                  print(' ● ',end="")
              print(' ',end="")
          print('¥n',end="")

      print(' 置いた駒の数 :',np.count_nonzero(board))


def init_board():  〈盤面初期化
  #print(' ゼロリセット :')

board=np.zeros([10,10])   #

  board[4,D]=BLACK
  board[5,E]=BLACK
  board[5,D]=WHITE
  board[4,E]=WHITE

def okeruka_sub(y,x,turn,shui):  〈置けるかチェックサブ関数
    okeru_flag=0
    #print(y,x,turn,shui)
    #print('shui_y=%d,shui_x=%d' % (shui_y[shui],shui_x[shui]))
```

第0章
第1章
第2章
第3章
第4章
第5章
第6章
第7章

```
if turn==BLACK:
    koma1=BLACK
    koma2=WHITE
else:
    koma1=WHITE
    koma2=BLACK

if board[y,x]!=NONE:
    #print('check-1¥n')
    okeru_flag=0
    return 0

temp_x=x+shui_x[shui]
temp_y=y+shui_y[shui]

#print('temp_y=%d,temp_x=%d' % (temp_y,temp_x))


if board[temp_y,temp_x]==NONE:
    okeru_flag=0
    #print('check1',okeru_flag)
elif board[temp_y,temp_x]==koma1:
    okeru_flag=0
    #print('check2',okeru_flag)
elif board[temp_y,temp_x]==koma2:
    while 1:
        temp_x=temp_x+shui_x[shui]
        temp_y=temp_y+shui_y[shui]
        #print('temp_y=%d,temp_x=%d¥n' % (temp_y,temp_x))

        if temp_x <=0 or temp_y <=0 or temp_x>=9 or temp_y>=9 :
            #print('check3',okeru_flag)
            return okeru_flag
            break

        if board[temp_y,temp_x] == koma2 :
            okeru_flag=0
            #print('check4',okeru_flag)
        elif board[temp_y,temp_x]== koma1 :
            okeru_flag=1
            #print('check5',okeru_flag)
            return okeru_flag
            break
        elif board[temp_y,temp_x]==NONE:
            okeru_flag=0
```

```
                #print('check6',okeru_flag)
                break
    return okeru_flag

def okeruka(oku_y,oku_x,turn):   〈置けるかチェック関数〉
    oku=0
    for i in range(1,9):
        oku=okeruka_sub(oku_y,oku_x,turn,i)
        if oku==1:
            break
    return oku



def uragaesu_sub(y,x,turn,shui):   〈裏返すサブ関数〉
    global board

    okeru_flag=0
    if turn==BLACK:
        koma1=BLACK
        koma2=WHITE
    else:
        koma1=WHITE
        koma2=BLACK

    temp_x=x+shui_x[shui]
    temp_y=y+shui_y[shui]

    while 1:
        if board[temp_y,temp_x]==koma1:
            return 0
        elif board[temp_y,temp_x]==koma2:
            board[temp_y,temp_x]=koma1

        temp_x=temp_x+shui_x[shui]
        temp_y=temp_y+shui_y[shui]

def uragaesu(oku_y,oku_x,turn):   〈裏返す関数〉
    global board
    okeru_flag=0
    if turn==BLACK:
        koma1=BLACK
        koma2=WHITE
    else:
        koma1=WHITE
        koma2=BLACK
```

```
    okeru=0
    for i in range(1,9):
        okeru_flag=okeruka_sub(oku_y,oku_x,turn,i)

        if okeru_flag==1:
            uragaesu_sub(oku_y,oku_x,turn,i)
            okeru=1

    if okeru==1:
            board[oku_y,oku_x]=koma1

    return okeru

def owarika(turn):  〈終了判定関数
    for y in range(1,9):
        for x in range(1,9):
            if okeruka(y,x,turn)==1:
                return 0
    if turn==BLACK:
        turn=WHITE
    else:
        turn=BLACK

    for y in range(1,9):
        for x in range(1,9):
            if okeruka(y,x,turn)==1:
                return 1

    return 2

def hantei():  〈勝敗判定関数
    bcount=0
    wcount=0
    for y in range(1,9):
        for x in range(1,9):
            if board[y,x]==BLACK:
                bcount +=1
            elif board[y,x]==WHITE:
                wcount +=1

    print(' ** ●%d:○%dの結果 ' % (bcount,wcount),end="")
    if bcount > wcount :
        print(' ●の勝ち ** ')
    elif wcount > bcount :
        print(' ○の勝ち ** ')
    elif wcount==bcount :
```

```
        print('引き分け ＊＊')

# main リバーシ人間対人間対戦メインルーチン
if __name__ == "__main__":

    init_board()  盤面初期化

    turn=BLACK  黒ターンセット
    #turn=WHITE  原則は黒先攻であるが、白専攻もセット可
    okeru_flag=0  フラグ変数初期化
    oku_flag=0

    while 1:  ゲームループ

        disp_board()  盤面表示

        oku_x=0  oku位置初期化
        oku_y=0
        if turn==BLACK:  表示用ターンセット
            dturn='黒'
        else:
            dturn='白'
        #print('¥n%sのターン a1 or A1>' % (dturn))


        owari_flag=owarika(turn)  終了判定owarika()起動
        #print('owari_flag=%d' % owari_flag)
        if owari_flag==0:  試合続行の場合
            print('¥n試合続行 ',end="")
        elif owari_flag==1:  パスの場合
            print('¥nパス ',end="")
            if turn==BLACK:  ターン白黒交替
                turn=WHITE
            else:
                turn=BLACK
            #print('pass turn',turn)
        elif owari_flag==2:  ゲーム終了
            print('¥n ＊＊＊＊  試合終了  ＊＊＊＊¥n')
            hantei()  勝敗判定hantei()起動
            break  ループ脱出

        if turn==BLACK:  表示用ターン交替
            dturn='黒'
        else:
            dturn='白'
```


第0章 第1章 第2章 第3章 第4章 第5章 第6章 第7章

```
print(' %sのターン a1 or A1>' % (dturn))  〈入力メッセージ表示

while 1 :  〈入力用ループ
    inp_ab=input()  〈キーボード入力
    a,b=inp_ab[:1],inp_ab[1:]
    if (('a'<=a and a<='h') or ('A' <=a and a<= 'H')) and ('1'<=b and b<= '8') :
        break  〈入力範囲チェック OKならば、ループ脱出
    else :  〈間違っていれば、再入力
        print(' 入力ミスです！')

if ord(a)>=0x61 :  〈x横軸A～Hまたはa～hを1～8に変換
    oku_x=ord(a)-0x60
else:
    oku_x=ord(a)-0x40

oku_y=int(b)  〈y縦軸1～8を整数値変換
#print('oku_x,oku_y=',oku_x,oku_y)

okeru=okeruka(oku_y,oku_x,turn)  〈置けるかチェック okeruka() 関数起動
#print('¥n%sのターン：%s %sには' % (dturn,a,b),end="")
if okeru==0:  〈置けない場合
    #print(' 置けない¥n')
    okeru=0 #dummy
elif okeru==1:  〈置ける場合、
    #print(' 置ける¥n')
    uragaesu(oku_y,oku_x,turn)  〈裏返す uragaesi() 関数起動
    if turn==BLACK:  〈白黒ターン交替
        turn=WHITE
    else:
        turn=BLACK
```

コラム3 シンギュラリティとの付き合い方

人工知能AIが人間の代わりを務め始めるシンギュラリティSingularity（特異点）が近づいているとささやかれてずいぶん経過しました。筆者が以前に抱いていたシンギュラリティのイメージは、ある日人工知能AI搭載のロボットが現れて人間の代わりに働き出すという感じです。そんなことは起らないことは今ならわかりますよね。

実はもうすでにシンギュラリティは始まっています。電子レンジや冷蔵庫、洗濯機に掃除機、炊飯器にも人工知能AIが実装されて、人間の足りない部分を補い助けてくれます。

炊飯器も以前のものは、せいぜい時間が来れば自動的に炊飯してほかほかご飯を炊き上げてくれる程度の自動化（これだってすごい機能ですが。）でした。最近の人工知能AI搭載を標榜する炊飯器はお米の種類を指定しておけば水加減が適当であってもお米に最適な炊飯方法を選択して、おいしく炊飯し、ほかほかもっちりおいしいご飯を提供してくれます。

暑い夏が長く続くようになり、筆者在住の標高が高い長野県でもエアコンは欠かせません。筆者宅はずっとエアコンなしで生活していましたが、あまりの暑さに耐えきれず、ついに人工知能AI搭載エアコンを導入しました。最適モードを選んでおけば、室内外の気候を計測し、心地よい温度と湿度・風向風速を保ってくれます。一昔前のクーラーは朝起きると喉ががらがらになってしまい、困ったことがありませんでしたか。人工知能AI搭載エアコンであれば寝苦しい夜につけっぱなしておいても寝冷えしません。

インターネットにアクセスすれば、人工知能AIが縦横無尽に活躍し、あなたが興味を持ちそうな話題をネット中から探してだしてきます。気がつけばあなたのポータルサイトはお気に入りや好きになってもらえそうなコンテンツで満ち溢れていませんか。興味を引きそうなリンクや画像がばんばん貼られてうっとうしいくらいです。不用意にリンクをたどってしまったばかりに迷惑メールがたくさん届くようになってしまうことも人工知能AIが防いでくれるとうれしいのですが。

自動車には動態カメラとセンサが搭載され、人工知能AIが運転状況を常に見守ります。誤発進防止や対人物衝突回避、前走車への全速度域追従、ペダル踏み間違い防止など大活躍しています。道路標識見落とし防止や駐車アシスト機能もあります。高速道路上であれば人工知能AIに運転を任すことができる部分もかなり増えたように思います。行き先を告げるだけで連れて行ってくれる自動運転の実現もすぐそこまで来ています。

このように人工知能AIはすでにあなたの身近にそっと寄り添ってサポートしてくれています。人工知能AIを過度に警戒するのでなく、正しく理解して有効に活用しましょう。

第4章

乱数あいぴ登場

4-1 乱数の発生

4-1-1　乱数を発生してみる

対人リバーシが完成しました。対戦を楽しんでいますか。対人対戦では相手を見つけるのは難しいかもしれません。そんなときは、Python プログラムに相手をしてもらうのはどうでしょうか。

もちろんプログラムは自分で組むのが最高です。でも、最初から人工知能 AI を組み込むのはさすがに敷居が高いですね。そこで、手始めに乱数で駒を打つプログラムに挑戦します。Python プログラミングの次の段階を楽しみましょう。

4-1-1-1　乱数テスト

Python も C 言語と同様に乱数を発生することができます。Python は乱数をどのように扱うことができるのかを短いプログラムで確認しましょう。

1～8の整数乱数を 10 回発生させ、発生状況を確認します。1～8が発生できれば、リバーシの8×8マスに対応することができます。

4-1-1-2　乱数発生関数

1～8の整数乱数を発生するには、乱数用ライブラリをインポートして、モジュールを呼び出します。

```
import random
x=random.randint(1,8)
```

4-1-1-3　プログラム

aip() 関数に乱数発生を記述し、呼び出すことで実行します（**リスト 4-1-1**）。

《リスト 4-1-1》乱数の発生

```
#!/usr/bin/python3
# -*- coding:utf-8 -*-

import random   〈乱数発生モジュール取り込み〉

def aip():   〈乱数発生関数〉
    for i in range(1,11):   〈10 回乱数を発生する〉
        x=random.randint(1,8)   〈乱数の発生〉
        print(x)

#main
aip()   〈aip() 関数の呼び出し〉
```

4-1-1-4　実行結果

乱数が発生しました。概ね良いようですね（図 4-1-1）。

図 4-1-1　Python による乱数の発生

```
5
6
4
6
2
8
1
2
4
2
```

4-1-2　乱数を 1000 回発生する

4-1-2-1　リバーシ盤面上で乱数を発生する

Python での乱数発生方法がわかりましたか。リバーシゲームを想定して、乱数を 1000 回発生し、リバーシ盤面にどの程度均一に発生しているかを確認します。

4-1-2-2　プログラムについて

1 ～ 8 の横軸用乱数、縦軸用乱数を 1000 回発生し、リバーシ盤面各マスでカウントし、乱数発生状況を確認します。

```
for  1000 回
     x=random.randint(1,8)  横軸用乱数
     y=random.randint(1,8)  縦軸用乱数
     board[x,y]+=1  盤面上でカウントする
```

4-1-2-3　プログラムリスト

乱数を 1000 回発生するプログラムリストです（リスト 4-1-2）。

《リスト 4-1-2》乱数 1000 回発生

```
#!/usr/bin/python3
# -*- coding:utf-8 -*-

import numpy as np  〈numpy 配列定義
import random  〈乱数用ライブラリ

global board  〈board グローバル宣言
board=np.zeros([10,10])  〈board 配列初期化

def aip():  〈乱数発生関数
    global board  〈board グローバル宣言

    for i in range(0,1000):  〈1000 回ループ
```

```
        x=random.randint(1,8)  〈横軸用乱数
        y=random.randint(1,8)  〈縦軸用乱数
        board[x,y]+=1  〈盤面に反映
        print('%d:aip ha x=%d,y=%d ni okuyo' % (i,x,y))

#main
aip()  〈乱数発生実行
print('¥n***** randint test ****¥n')
print(board)  〈盤面表示
```

第0章
第1章
第2章
第3章
第4章
第5章
第6章
第7章

4-1-3　実行結果

1000回乱数を発生し、リバーシ盤面に発生状況を表示しました。結果は最小11回、最大25回です。概ね良いようですね（図4-1-2）。

図4-1-2　1000回発生した乱数

```
983:aip ha x=7,y=4 ni okuyo
984:aip ha x=1,y=3 ni okuyo
985:aip ha x=2,y=5 ni okuyo
986:aip ha x=6,y=4 ni okuyo
987:aip ha x=6,y=2 ni okuyo
988:aip ha x=2,y=1 ni okuyo
989:aip ha x=3,y=8 ni okuyo
990:aip ha x=6,y=3 ni okuyo
991:aip ha x=4,y=2 ni okuyo
992:aip ha x=6,y=6 ni okuyo
993:aip ha x=3,y=3 ni okuyo
994:aip ha x=2,y=7 ni okuyo
995:aip ha x=7,y=3 ni okuyo
996:aip ha x=3,y=4 ni okuyo
997:aip ha x=5,y=7 ni okuyo
998:aip ha x=1,y=1 ni okuyo
999:aip ha x=7,y=3 ni okuyo
1000:aip ha x=4,y=8 ni okuyo

***** randint test ****

[[ 0.  0.  0.  0.  0.  0.  0.  0.  0.  0.]
 [ 0. 14. 19. 12. 15. 12. 17. 22.  9.  0.]
 [ 0. 20. 10. 15. 11. 17. 22. 18.  8.  0.]
 [ 0. 21. 15. 14. 18. 15. 12. 19. 18.  0.]
 [ 0. 17. 15. 23. 14. 14. 11. 11. 15.  0.]
 [ 0. 18. 18. 14.  9. 15. 15. 13. 19.  0.]
 [ 0. 13. 16. 10. 16. 19. 22. 17. 14.  0.]
 [ 0. 18. 14. 18. 12. 18. 20. 16. 17.  0.]
 [ 0. 15. 11. 14. 14. 25. 19. 11. 17.  0.]
 [ 0.  0.  0.  0.  0.  0.  0.  0.  0.  0.]]
```

4-2 乱数あいぴ登場

4-2-1　乱数あいぴとの対戦を実現する

Pythonによる乱数発生は確認できたでしょうか。それでは、乱数で駒を置く「乱数あいぴ」を実装しましょう。ここまでプログラムができていれば比較的簡単に実現することができます。

人間先攻あいぴ後攻とします。乱数あいぴをイメージしやすいようにキャラクタを準備しました（図4-2-1）。

図4-2-1　乱数あいぴ　イメージキャラクタ

4-2-2　プログラムの構成

4-2-2-1　考え方

簡単なプログラムで乱数あいぴを実装することができます。

黒：人間

白：あいぴ

先攻：黒固定

「乱数あいぴ」は自分の手を乱数により決定します。盤面に対応する縦横1～8の乱数を発生します。置ける場所であればそこに駒を置きます。置けなければ次の乱数を発生します。

4-2-2-2　乱数あいぴ関数aip()

乱数あいぴはaip()内に実装します。aip()を呼び出すと、次に打つ手を返します。乱数あいぴの概要をご覧ください（リスト4-2-1）。

《リスト4-2-1》乱数あいぴ処理の概要

```
def aip(turn):
    while 1:  置ける位置を発生するまで実行
        乱数により駒位置の発生
        if  置ける場合:
            駒位置をメインに渡す準備
        else:  置けない場合
```

```
            何もしない

# main  メインルーチン
  人間先攻
  while 1:  ゲーム状況処理
        while ターン処理
          指し手表示
          if 黒あなた:
              あなた●表示
           else:  白あいぴ
               あいぴ○表示

          終了判定呼び出し
              if 試合続行の場合
                  手番表示
              elif パスの場合
                  パスの表示
                  if 黒のターン
                      ターンを白に入れ替え
                  else:  白のターン
                      ターンを黒に入れ替え
              elif 試合終了の場合
                  試合終了表示
                  勝敗判定
                  終了

          if 黒  人間のターン
          人間キー入力

         elif 白  乱数あいぴのターン
             乱数あいぴ呼び出し
                 乱数あいぴの手をセット
```


4-2-3　プログラムリスト

乱数あいぴのプログラムリストです（**リスト 4-2-2**）。

《リスト 4-2-2》乱数あいぴプログラム

```
#!/usr/bin/python3
# -*- coding:utf-8 -*-

print(' ＊＊＊  あいぴのリバーシ python 版 Ver1.1  ＊＊＊ ¥n')

# 初期設定、既出関数  〈リスト 3-5-4 参照
```

```
def hantei():   勝敗判定 hantei() 関数　人間対あいぴ向けにコメント修正
    bcount=0   人間用カウンタ
    wcount=0   あいぴ用カウンタ
    for y in range(1,9):   盤面チェック
        for x in range(1,9):
            if board[y,x]==BLACK:   人間の場合、
                bcount +=1   人間 +1
            elif board[y,x]==WHITE:   乱数あいぴの場合、
                wcount +=1   あいぴ +1
    print(' ＊＊　あなた● %d：あいぴ○ %d の結果 ' % (bcount,wcount),end="")
    if bcount > wcount :   人間の勝ちの場合、
        print(' あなた●の勝ち ＊＊')   人間表示
    elif wcount > bcount :   あいぴ勝ちの場合、
        print(' あいぴ○の勝ち ＊＊')   あいぴ表示
    elif wcount==bcount :   引き分け
        print(' 引き分け ＊＊')
    print('¥n')

def aip(turn):   乱数あいぴ
    global aip_x,aip_y   乱数あいぴが駒を置く場所
    while 1:   盤面内ループ
        x=random.randint(1,8)   横軸乱数発生
        y=random.randint(1,8)   縦軸乱数発生
        if okeruka(y,x,turn)==1:   発生した乱数で置ける場合、
            print(' > %s%d ¥n' % (chr(x+0x60),y))
            aip_x=x   x あいぴ位置セット
            aip_y=y   y あいぴ位置セット
            return 1   メインに返る
        else:
            dummy=0   置けない場合のダミー処理

# main
if __name__ == "__main__":
    # 初期化部分省略   リスト 3-5-5 参照

    turn=BLACK   人間先攻

    while 1:   対戦ゲームルーチン
        bcount=disp_board()   手数チェック
        input_flag=1   入力フラグ初期化
        while input_flag==1:   入力ループ
            print('   ',bcount+1,' 手目 :',end="" )   ゲーム状況表示
            if turn==BLACK:   人間の場合、
                print(' あなた● ',end="")   あなた表示
            else:   あいぴの場合、
```

```
            print(' あいぴ○ ',end="")  〈あいぴ表示
        owari_flag=owarika(turn)  〈終了チェック
        if owari_flag==0:  〈試合続行の場合、
            print(' の番です ',end="")  〈番表示
        elif owari_flag==1:  〈パスの場合、
            print(' 置けません パスします ')
            if turn==BLACK:  〈人間の場合、、
                turn=WHITE  〈あいぴへ
            else:  〈あいぴの場合、
                turn=BLACK  〈人間へ
        elif owari_flag==2:  〈試合終了の場合、
            print('¥n ＊＊＊＊＊  試合終了  ＊＊＊＊＊ ¥n')
            hantei()  〈判定 hantei() 関数起動
            sys.exit()  〈プログラム終了

        if turn==BLACK:  〈人間ターン 人間は必ず黒なのでこうなる
          # 人間キー入力省略  〈リスト 3-5-5 参照
        elif turn==WHITE:  〈あいぴターンの場合、
            aip(turn)  〈乱数あいぴ起動
            oku_x=aip_x  〈あいぴの x 置く位置セット
            oku_y=aip_y  〈あいぴの y 置く位置セット ト
            input_flag=0  〈入力フラグリセット

    okeru=okeruka(oku_y,oku_x,turn)  〈人間用置けるか判定
    if okeru==1:  〈置ける場合、
        #print(' 置ける ¥n')
        uragaesu(oku_y,oku_x,turn)  〈裏返し uragaesi() 関数起動
        if turn==BLACK:  〈人間ターンの場合、
            turn=WHITE  〈ターンあいぴセット
        else:  〈あいぴターンの場合、
            turn=BLACK  〈ターン人間セット
    else :  〈置けない場合
        print(' そこは置けません  やり直し！ ')
```

4-2-4　実行結果

人間と乱数あいぴの対戦の様子です。人間 56 対あいぴ 8 の結果により人間が勝ちました。乱数あいぴは強いときは強いですよ (図 4-2-2)。

図 4-2-2　乱数あいぴと戦ってなんとか勝った！

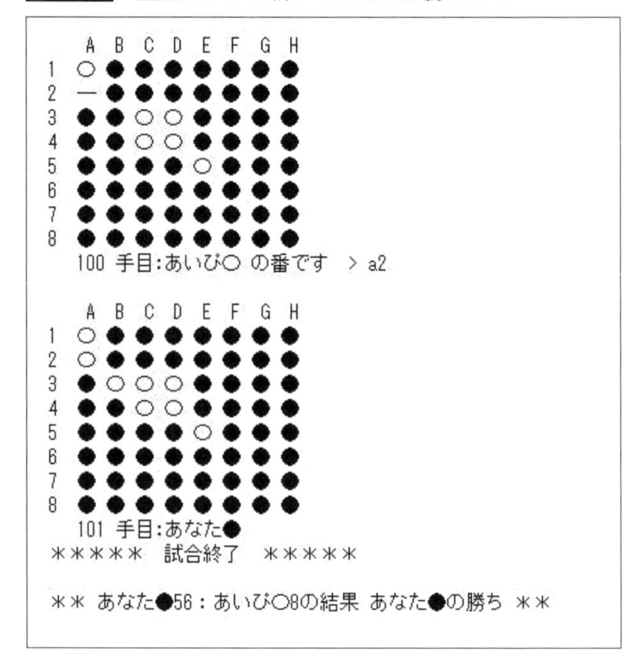

4-3 人間ターンの関数化

4-3-1　人間ターンを man() 関数化

人間のターンを関数化すると、対戦相手の差し替えが簡単にできるようになります。これにより人間対乱数あいぴ、乱数あいぴ対乱数あいぴなど簡単にグレードアップできるようになります。

4-3-2　考え方

人間の入力は E3 または e3 のように A ～ H、a ～ h どちらでも受け付けます。また、筆者がゲームして試したところ、大文字小文字どちらでも OK であれば、ほぼ入力ミスはなかったので、チェック部分は省略しました。

4-3-2-1　人間ターン

人間ターンを関数化します。man(ターン) により起動します。大文字、小文字どちらでも受け付けます。

```
def man(turn):  # 人間ターン
  キーボード入力
  a ～ h、A ～ H を１～８に変換
```

4-3-2-2　乱数あいぴ

```
def aip(turn): 〈乱数あいぴ〉
    〈リスト 4-2-2 と同じです〉
```

4-3-3　プログラムリスト

人間ターンを関数化したプログラムリストを示します (**リスト 4-3-1**)。

《リスト 4-3-1》人間ターン関数化

```
#!/usr/bin/python3
# -*- coding:utf-8 -*-
print(' ＊＊＊　あいぴのリバーシ python 版 Ver1.2　＊＊＊ ¥n')

# 既出部分省略 〈リスト 3-5-4 参照〉

def aip(turn): 〈乱数あいぴ〉
    global aip_x,aip_y 〈global メイン引き渡し変数〉
```

```
    while 1: 〈乱数発生ループ
        x=random.randint(1,8) 〈x軸乱数発生
        y=random.randint(1,8) 〈y軸乱数発生
        #print('aip:x,y=',x,y)
        if okeruka(y,x,turn)==1: 〈置けるか関数起動　置ける場合、
            print(' > %s%d ¥n' % (chr(x+0x60),y))
            aip_x=x 〈x置く位置引き渡し
            aip_y=y 〈y置く位置引き渡し
            return 1
        else: 〈置けない場合、
            dummy=0 〈ループ継続

def man(turn): 〈人間ターン
    global man_x,man_y 〈global メイン引き渡し変数
    print(' a1 or A1> ',end="") 〈キーボード入力用メッセージ表示
    inp_ab=input() 〈キーボード入力
    print(' ')
    a,b=inp_ab[:1],inp_ab[1:] 〈変数分離
    if ord(a)>=0x61 : 〈小文字の場合、
        man_x=ord(a)-0x60 〈a～h→1～8整数変換
    else: 〈大文字の場合、
        man_x=ord(a)-0x40 〈A～H→整数変換

    man_y=int(b) 〈整数変換

# main
if __name__ == "__main__":

    #既出部分省略 〈リスト3-5-5参照

    while 1: 〈ゲームメインループ
        bcount=disp_board() 〈駒数カウント
        input_flag=1 〈人間または乱数あいぴ起動中確認用フラグ
        while input_flag==1: 〈交互入力用ループ
            print('  ',bcount+1,' 手目 :',end="" ) 〈ゲーム状況表示
            if turn==BLACK: 〈人間ターンの場合、
                print(' あなた● ',end="") 〈人間表示用
            else: 〈あいぴターンの場合、
                print(' あいぴ○ ',end="") 〈あいぴ表示用
            owari_flag=owarika(turn) 〈終了判定
            if owari_flag==0: 〈ゲーム継続の場合、
                print(' の番です ',end="")
            elif owari_flag==1: 〈パスの場合、
                print(' 置けません パスします ')
                if turn==BLACK: 〈パスの場合、黒ならば、
```

```
            turn=WHITE  〈ターン白セット
        else:  〈白ならば、
            turn=BLACK  〈ターン黒セット
    elif owari_flag==2:  〈ゲーム終了の場合、
        print('¥n ＊＊＊＊＊  試合終了  ＊＊＊＊＊¥n')
        hantei()  〈勝敗判定 hantei() 起動
        sys.exit()  〈プログラム終了

    if turn==BLACK:  〈人間ターンの場合、
        man(turn)  〈人間用関数起動
        oku_x=man_x  〈x 置く位置に人間 x セット
        oku_y=man_y  〈y 置く位置に人間 y セット
        input_flag=0  〈入力用フラグリセット
    elif turn==WHITE:  〈乱数あいぴターンの場合、
        aip(turn)  〈乱数あいぴ起動
        oku_x=aip_x  〈x 置く位置にあいぴ x セット
        oku_y=aip_y  〈y 置く位置にあいぴ y セット
        input_flag=0  〈入力用フラグリセット

okeru=okeruka(oku_y,oku_x,turn)  〈置けるか関数起動
if okeru==1:  〈置ける場合、
    #print('置ける¥n')
    uragaesu(oku_y,oku_x,turn)  〈裏返す uragaesu() 関数起動
    if turn==BLACK:  〈ターン黒の場合、
        turn=WHITE  〈ターン白セット
    else:  〈ターン白の場合、
        turn=BLACK  〈ターン黒セット
else :
    print('そこは置けません　やり直し！')
```

4-3-4 実行結果

さあ、乱数あいぴとリバーシゲームを楽しみましょう。ゲーム開始です。（図 4-3-1）乱数あいぴは思わぬいい手を打ってきます。油断しないようにゲームに臨んだつもりでしたが、人間 21 対あいぴ 43 で乱数あいぴが勝ちました（図 4-3-2）。

これで対戦相手が見つからなくても、乱数あいぴが好きなだけリバーシゲームの相手をしてくれます。どんどん練習して強くなってください。

図 4-3-1 人間ターン関数化 ゲーム開始

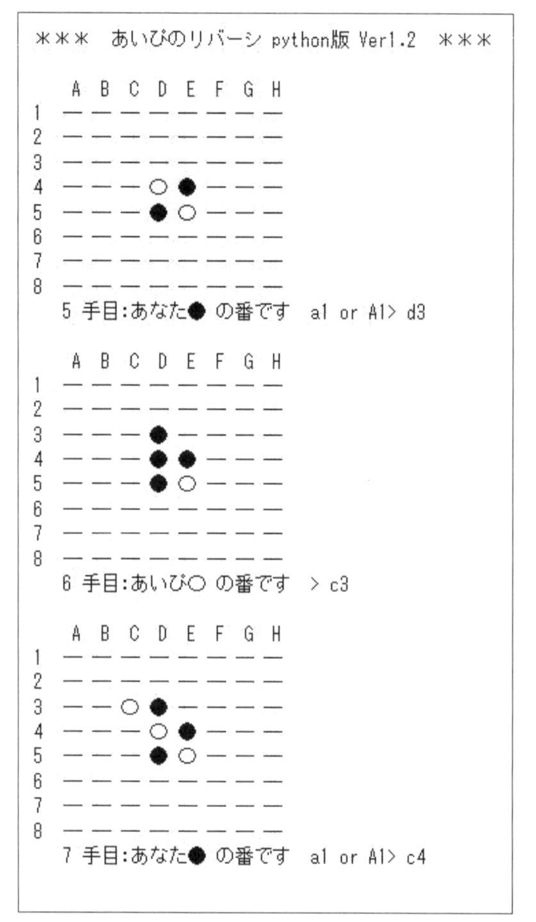

図 4-3-2 人間ターン関数化 ゲーム終了！

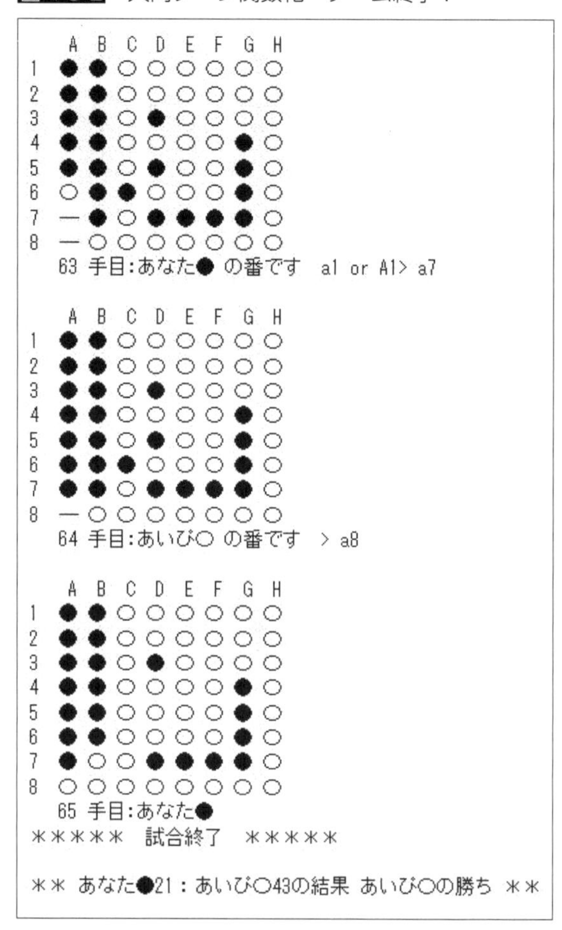

4-4 乱数あいぴ同士の対戦

4-4-1　乱数あいぴ同士の対戦

乱数あいぴと人間が対戦できるようになりました。乱数あいぴは多数の対戦をしても疲れ知らずですが、人間はそうはいきません。

そこで、乱数あいぴ同志を対戦させて、その様子をのんびりと観戦するというのはどうでしょうか。自分がプログラミングした乱数あいぴ同士の対戦を眺めるのは格別だと思います。乱数あいぴ１と乱数あいぴ２と名付けて対戦させましょう。

4-4-2　考え方

乱数あいぴは同じ関数 aip() を共用し、黒白交互に戦います（リスト 4-4-1)。

《リスト 4-4-1》乱数あいぴ同士の対戦考え方

```
if  黒の番：  〈乱数あいぴ１
    aip(turn)                    }
elif 白の番：  〈乱数あいぴ２      } aip() は共通使用する
    aip(turn)                    }
```

4-4-3　プログラム全体

乱数あいぴ同士の対戦プログラムリストを示します（リスト 4-4-2)。

《リスト 4-4-2》乱数あいぴ同士の対戦

```
#!/usr/bin/python3
# -*- coding:utf-8 -*-
print(' ＊＊＊　あいぴのリバーシ python 版 Ver1.3　＊＊＊ ¥n')

#既出部分省略  〈リスト 3-5-4 参照

def aip(turn):  〈乱数あいぴ
    global aip_x,aip_y  〈メイン引き渡し変数

    while 1:
        x=random.randint(1,8)  〈x 横軸乱数発生
        y=random.randint(1,8)  〈y 縦軸乱数発生
        #print('aip:x,y=',x,y)
        if okeruka(y,x,turn)==1:  〈置ける場合、
```

```
            print(' > %s%d ¥n' % (chr(x+0x60), y))  〈乱数あいぴ置く位置表示
            aip_x=x  〈x 乱数あいぴ置く位置セット
            aip_y=y  〈y 乱数あいぴ置く位置セット
            return 1
        else:  〈置けない場合、
            dummy=0  〈ダミー処理

# main
if __name__ == "__main__":
    # 既出部分省略

            if turn==BLACK:  〈乱数あいぴ 1
                aip(turn)  〈乱数あいぴ aip() 起動
                oku_x=aip_x  〈x 置く位置セット
                oku_y=aip_y  〈y 置く位置セット
                input_flag=0  〈入力用フラグリセット
            elif turn==WHITE:  〈乱数あいぴ 2
                aip(turn)  〈乱数あいぴ aip() 起動
                oku_x=aip_x  〈x 置く位置セット
                oku_y=aip_y  〈y 置く位置セット
                input_flag=0  〈入力用フラグリセット

        okeru=okeruka(oku_y, oku_x, turn)  〈置けるか okeruka() 関数起動
        if okeru==1:  〈置ける場合、
            #print(' 置ける ¥n')
            uragaesu(oku_y, oku_x, turn)  〈裏返し関数起動
            if turn==BLACK:  〈黒ターンの場合、
                turn=WHITE  〈白ターンセット
            else:  〈白ターンの場合、
                turn=BLACK  〈黒ターンセット
        else :  〈置けない場合、(あいぴ同士の場合は使わない)
            print(' そこは置けません　やり直し！')  〈置けない表示
```

4-4-4　実行結果

乱数あいぴ同士の対戦はあっという間に終わります。この回は黒29対白35で白あいぴが勝ちました(**図4-4-1**)。

乱数あいぴ同士の対戦であってもちゃんと決着するし、大きく勝敗が分かれるのが不思議です。早く終わってしまう場合、ウエイトを入れてください。乱数あいぴ1と乱数あいぴ2を準備したほうがプログラムはすっきりすると思います。ぜひ、お試しください。

図4-4-1　黒29対白35で白あいぴの勝ち

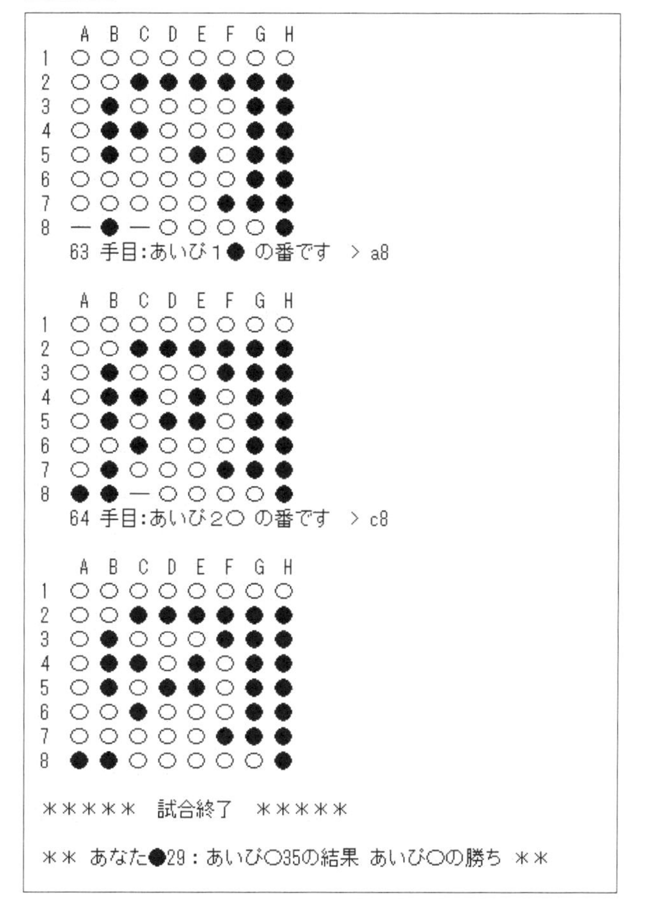

4-5 乱数あいぴが四角を取る

4-5-1　四角を積極的に取る戦略

リバーシで勝つための戦略に「四角（隅）を取る」ことがあります。リバーシを楽しんでいて、角を取り忘れたり、自分が角を取られて大逆転され、悔しい思いをしたことがありませんか。

四角は一度取ってしまえば、相手はひっくり返すことができないので、戦略上重要な場所に位置づけられます。乱数あいぴに四角を積極的に取ることを戦略として取り入れましょう。

ついでに、人間対あいぴ、乱数あいぴ対乱数あいぴを選択できるようにします。

4-5-2　考え方

4-5-2-1　四角を積極的に取る

乱数あいぴに四角を積極的に取るアルゴリズムを組み込みます（**リスト 4-5-1**）。

《リスト 4-5-1》四角を取るイメージ

```
四角データ定義
   for i  4回：
       四角を okeruka() によりチェック == 置ける：
             角データを置く位置にセットし、メインに戻る
   while
       通常の置く位置を乱数で決定
```

4-5-2-2　対戦相手の選択

対戦相手の選択はキーボード入力ではなくて、プログラム中で選択します。これはプログラムのデバッグ中に何度も手入力するのはやっかいなためです（**リスト 4-5-2**）。

《リスト 4-5-2》

```
   man_aip=1    〈人間対あいぴ〉
   aip_aip=2    〈あいぴ１対あいぴ２〉
   taisen=man_aip  〈対戦種類をここで決定する〉
```

4-5-3　積極的に四角を取るプログラムリスト

四角を積極的に取る、対戦相手の選択ができるプログラムを**リスト 4-5-3** に示します。

《リスト 4-5-3》四角を取る、対戦相手を交代できるプログラムリスト

```
#!/usr/bin/python3
# -*- coding:utf-8 -*-

print(' ＊＊＊　あいぴのリバーシ python 版 Ver1.4　＊＊＊¥n')

# 既出部分省略 〈リスト 3-5-4 参照〉

def hantei(taisen): 〈対戦相手毎のメッセージ追加〉
    bcount=0 〈黒駒カウンタ初期化〉
    wcount=0 〈白駒カウンタ初期化〉
    if taisen==1: 〈人間対あいぴの場合、〉
        kuro=' あなた● ' 〈黒用表示〉
        siro=' あいぴ○ ' 〈白用表示〉
    elif taisen==2: 〈乱数あいぴ 1 対乱数あいぴ 2 の場合、〉
        kuro=' あいぴ 1 ● ' 〈黒用表示〉
        siro=' あいぴ 2 ○ ' 〈白用表示〉
    for y in range(1,9): 〈黒白数カウント〉
        for x in range(1,9):
            if board[y,x]==BLACK:
                bcount +=1 〈黒駒カウント〉
            elif board[y,x]==WHITE:
                wcount +=1 〈白駒カウント〉
    print(' ＊＊ ● %d : ○ %d の結果 ' % (bcount,wcount),end="") 〈勝敗結果表示〉
    if bcount > wcount : 〈黒の勝ちの場合〉
        print('%s の勝ち ＊＊ ' % (kuro))
    elif wcount > bcount : 〈白の勝ちの場合〉
        print('%s の勝ち ＊＊ ' % (siro))
    elif wcount==bcount : 〈引き分けの場合〉
        print(' 引き分け ＊＊ ')
    print('¥n')

def aip(turn): 〈乱数あいぴ〉
    global aip_x,aip_y

    sumi_x=np.array([1,8,1,8]) 〈角 x 横軸データ〉
    sumi_y=np.array([1,1,8,8]) 〈角 y 縦軸データ〉

    for i in range(0,4): 〈四角に置けるか調べる〉
        if okeruka(sumi_y[i],sumi_x[i],turn)==1: 〈角に置ける場合、駒を置く〉
            print('¥n¥n>%s%d の角はあいぴがもらった～ ' % (chr(sumi_x[i]+0x60),sumi_y[i]))
            aip_x=sumi_x[i] 〈取る角位置 x をセット〉
            aip_y=sumi_y[i] 〈取る角位置 y をセット〉
            return 1 〈メインに戻る〉

    while 1: 〈四角を取れない場合、通常の置く位置を乱数で決定〉
```

```
        x=random.randint(1,8)   〈乱数発生
        y=random.randint(1,8)
        #print('aip:x,y=',x,y)
        if okeruka(y,x,turn)==1:   〈置ける場合
            print(' > %s%d ¥n' % (chr(x+0x60),y))   〈置く位置表示
            aip_x=x   〈x 置く位置セット
            aip_y=y   〈y 置く位置セット
            return 1
        else:   〈置けない場合、
            dummy=0   〈ダミー処理

def man(turn):   〈人間用対戦関数
    global man_x,man_y   〈global 変数宣言
    print(' a1 or A1> ',end="")   〈入力用メッセージ
    inp_ab=input()   〈キーボード入力
    print(' ')
    a,b=inp_ab[:1],inp_ab[1:]   〈2 文字変数分離
    if ord(a)>=0x61 :   〈小文字の場合、
        man_x=ord(a)-0x60   〈a ～ h を 1 ～ 8 に変換
    else:   〈大文字の場合、
        man_x=ord(a)-0x40   〈A ～ H を 1 ～ 8 に変換

    man_y=int(b)   〈1 ～ 8 を整数値変換

# main
if __name__ == "__main__":
    man_aip=1   〈人間対乱数あいぴ
    aip_aip=2   〈乱数あいぴ 1 対乱数あいぴ 2
    taisen=man_aip   〈対戦種類をここで決定する　人間対乱数あいぴ選択

    turn=BLACK   〈人間対あいぴ => man 先攻、あいぴ 1 対あいぴ 2 =>　あいぴ 1 先攻
    #turn=WHITE   〈人間対あいぴ => あいぴ先攻、あいぴ 1 対あいぴ 2 =>　あいぴ 2 先攻
    okeru_flag=0   〈フラグ変数初期化
    oku_flag=0
    oku_x=0   〈置く位置変数初期化
    oku_y=0
    init_board()   〈盤面表示

    while 1:
        bcount=disp_board()   〈現在の駒数チェック
        input_flag=1   〈入力用フラグリセット
        while input_flag==1:   〈入力用ループ
            owari_flag=owarika(turn)   〈終了判定

            if owari_flag==2:   〈ゲーム終了の場合、
                print('¥n ＊＊＊＊＊　試合終了　＊＊＊＊＊ ¥n')
```

```
        hantei(taisen)  〈勝敗判定 hantei() 関数起動
        sys.exit()  〈プログラム終了システムに戻る
    print('  ',bcount+1-4,' 手目 :',end="" )  〈手数表示
    if taisen==man_aip and turn==BLACK:  〈人間対乱数あいぴ　人間先攻
        print(' あなた● ',end="")
    elif taisen==man_aip and turn==WHITE:  〈人間対乱数あいぴ　乱数あいぴ先攻
        print(' あいぴ○ ',end="")
    elif taisen==aip_aip and turn==BLACK:  〈乱数あいぴ１対あいぴ２　乱数あいぴ１先攻
        print(' あいぴ１● ',end="")
    elif taisen==aip_aip and turn==WHITE:  〈乱数あいぴ１対乱数あいぴ２　乱数あいぴ２先攻
        print(' あいぴ２○ ',end="")

    if owari_flag==0:  〈ゲーム継続の場合
        print(' の番です ',end="")

    elif owari_flag==1:  〈パスの場合、
        print(' 置けません パスします ')
        if turn==BLACK:  〈パスの場合、黒白交代
            turn=WHITE
        else:
            turn=BLACK

    if taisen==man_aip:  〈人間対乱数あいぴ
        if turn==BLACK:  〈ターン人間黒の場合、
            man(turn)  〈人間起動
            oku_x=man_x  〈人間の手ｘをセット
            oku_y=man_y  〈人間の手ｙをセット
            input_flag=0  〈入力用フラグリセット
        elif turn==WHITE:  〈ターン乱数あいぴ白の場合、
            aip(turn)  〈乱数あいぴ起動
            oku_x=aip_x  〈あいぴの手ｘをセット
            oku_y=aip_y  〈あいぴの手ｙをセット
            input_flag=0  〈入力用フラグリセット
    elif taisen==aip_aip:  〈乱数あいぴ１対乱数あいぴ２の場合、
        if turn==BLACK:  〈ターン乱数あいぴ１黒の場合、
            aip(turn)  〈乱数あいぴ起動
            oku_x=aip_x  〈あいぴの手ｘをセット
            oku_y=aip_y  〈あいぴの手ｙをセット
            input_flag=0  〈入力用フラグリセット
        elif turn==WHITE:  〈ターン乱数あいぴ２白の場合、
            aip(turn)  〈乱数あいぴ起動
            oku_x=aip_x  〈あいぴの手ｘをセット
            oku_y=aip_y  〈あいぴの手ｙをセット
            input_flag=0  〈入力用フラグリセット

okeru=okeruka(oku_y,oku_x,turn)  〈置けるかチェック
```

```
        if okeru==1:  置ける場合、
            #print(' 置ける ¥n')
            uragaesu(oku_y, oku_x, turn)  裏返し uragaesi() 関数起動
            if turn==BLACK:  ターン黒の場合、
                turn=WHITE  白セット
            else:  ターン白の場合、
                turn=BLACK  黒セット
        else :  置けない場合
            print(' そこは置けません　やり直し！ ')
```

4-5-4　実行結果

四角を取る戦略を実装した乱数あいぴと対戦しました。

乱数あいぴが角を取った様子です。人間と違って取り忘れることは絶対にありません。a1 の角はあいぴがもらった〜と角を取られてしまいました（図 4-5-1）。

なんとか勝てましたが、真っ先に隅を狙ってくるので、油断ができません。これで乱数あいぴは完成とします（図 4-5-2）。

図 4-5-1　乱数あいぴが隅を取った

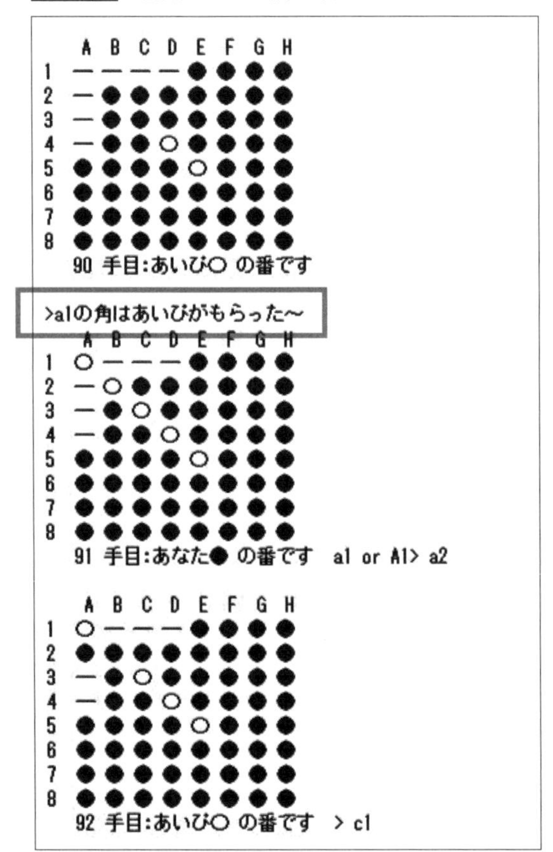

図 4-5-2　なんとか勝てた

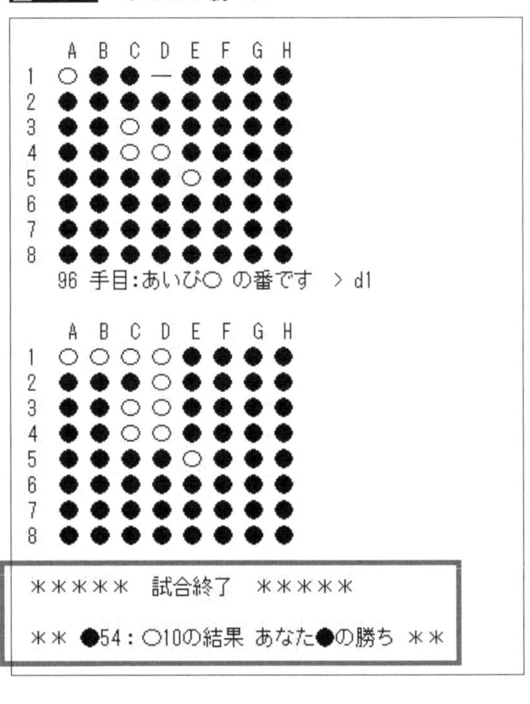

コラム４ リバーシの戦略と戦術

リバーシはルールが単純明快で子供から大人まで幅広い世代が楽しめることから世界中のみならず異世界でも？おなじみのテーブルゲームです。皆さんも小さなころから親しんでいると思います。クリスマスに二人で楽しみなさいと両親からプレゼントされたリバーシを兄と楽しみました。というか、ほとんどの場合、一方的に攻められて一方的に負けていました。

リバーシは不思議なゲームです。途中経過がどうであろうと最終的に自分の駒が多ければ勝ちます。そのために様々な戦略（Strategy）と戦術（Tactics）が存在します。戦略は戦いの方針・シナリオ、戦術は戦略を実現するための技術です。日本にこの概念を導入し、初めて使ったのは幕末の天才軍師大村益次郎といわれています。

筆者ですが恥ずかしながらリバーシは激弱です。戦略だ戦術だなどを論じる腕前ではないのですが、次のような戦略・戦術で家族大会を戦っています。

戦略：序盤少なく、中盤はなるべく中にまとめ、終盤で四隅を狙ってごっそり逆転が基本戦略です。
戦術：四隅を取る…四隅は取り返されないのでマストですね、６×６マスを自分からでない…出ると最外マスを取られる確率大、初期は少なく取る…多くとると中盤以降取られる数が増える、最外マスを最初は相手に取らせる、四隅横は取らない、などです。

これらの戦略・戦術を駆使して家族らと勝負しますが、なかなか勝てません。先の戦術にある四隅を取るにしてもせっかく取れる状況なのに取り忘れてしまうし、勝てるゲームの終盤で大どんでん返しをくらって負けてしまうこともしばしばあります。なにせ筆者は先読み戦術が使えません。どうにも苦手なのです。

そこで自作プログラムにより家族に勝ち、へへ〜ん、どうだ、すごいだろう、と自慢したかったのが本書を執筆したきっかけの一つです。そして、自分は苦手とする憧れの先読み戦術を本書内でPythonにより戦略あいぴに実装することができました。あなた好みの最強戦略と戦術を編み出して実装に挑戦してくださいね。

第5章

盤面評価で戦略を考える

5-1 盤面評価あいぴの紹介

5-1-1　盤面評価を導入して強くしましょう

四角を優先して取る戦略を乱数あいぴに実装しました。これにより乱数あいぴはそれなりに強くなったように思います。四角を乱数あいぴに取られるととても悔しいですね。

さて、さらにあいぴを強くするにはどうすればいいでしょうか。リバーシを強くするアルゴリズムに先読み法があります。これはこの手を打つと盤面がこう変わり、相手はこう打つだろうと数手先を予測して一番勝てる手を打つ方法です。とても強くなりそうですが、プログラムはかなり複雑になります。

そこで採用した戦略が盤面評価値テーブル（以後、盤面評価）を採用した盤面評価あいぴです。このあいぴは、リバーシ盤面のどこに打つのか優先順位が記録されたテーブルを持つ賢いあいぴです (図 5-1-1)。

図 5-1-1　盤面評価あいぴ イメージキャラクタ

5-1-2　リバーシ盤面評価とは

リバーシにおいて駒を打つことが可能な場所が複数ある場合、どこに打てば正解か、は難しい問題です。この解答の一つとして盤面評価があります。盤面評価値の高い場所を優先して取ることで勝利しやすくなると考えます (リスト 5-1-1)。

《リスト 5-1-1》盤面評価値の例

```
(1) ４つの角：評価値１０
(2) 中間の４つの角：評価値７
(3) 中央の４つの次：評価値５
(4) 外周の角の隣以外：評価値４
```

盤面優先度の高い順に 10 ～ 1 の評価値を与えます。評価値が高い位置ほど優先して駒を置きます。

5-1-3 盤面評価値テーブル

盤面評価値テーブルとは盤面評価値を numpy 配列にセットしたものです (リスト 5-1-2)。 リスト 5-1-1 で示した評価値をセットしました。

《リスト 5-1-2》評価値テーブル

```
aip1_hyouka=np.array([[0,  0,0,0,0,0,0,0,  0],
                      [0,10,0,4,4,4,4,0,10],
                      [0,  0,0,1,1,1,1,0,  0],
                      [0,  4,1,7,5,5,7,1,  4],
                      [0,  4,1,5,0,0,5,1,  4],
                      [0,  4,1,5,0,0,5,1,  4],
                      [0,  4,1,7,5,5,7,1,  4],
                      [0,  0,0,1,1,1,1,0,  0],
                      [0,10,0,4,4,4,4,0,10]])
```

5-1-4 盤面評価値テーブルの使い方

置ける場合、盤面評価値テーブルから一番大きい評価値を探して、駒を置く位置とします（**リスト 5-1-3**）。

《リスト 5-1-3》評価値を探す

```
    for 評価値テーブル内サーチ
        if 置ける場合
            評価値テーブル内で一番高い評価を探す
            最も高い盤面評価値に更新
            最も高い盤面評価値の位置 x を更新
            最も高い盤面評価値の位置 y を更新
```

5-1-5　プログラムリスト

盤面評価値あいぴのプログラムリス全体を示します（**リスト 5-1-4**）。

《リスト 5-1-4》盤面評価値あいぴプログラムリスト

```
#!/usr/bin/python3
# -*- coding:utf-8 -*-
print(' ＊＊＊  あいぴのリバーシ python 版 Ver1.5  ＊＊＊ ¥n')

＃初期化・既出部分 〈リスト 3-5-4 参照

def man(turn): 〈人間
    〈リスト 4-5-3 参照

def aip2(turn): 〈乱数あいぴ
    〈リスト 4-5-3 参照

def aip1(turn): 〈盤面評価値あいぴ
    global aip_x,aip_y 〈global 変数宣言
```

```
    sumi_x=np.array([1,8,1,8])  〈x四角定義〉
    sumi_y=np.array([1,1,8,8])  〈y四角定義〉
    max_hyouka=-1  〈最も高い盤面評価値を保持〉
    max_x=-1  〈最も高い盤面評価値の位置xを保持〉
    max_y=-1  〈最も高い盤面評価値の位置yを保持〉

    for i in range(0,4):  〈四角を取る〉
        if okeruka(sumi_y[i],sumi_x[i],turn)==1:  〈四角が取れる場合、〉
            print('¥n>%s%d の角はあいぴがもらった～' % (chr(sumi_x[i]+0x60),sumi_y[i]))
            〈↑四角を取るぞ表示〉
            print('¥n')
            aip_x=sumi_x[i]  〈四角xセット〉
            aip_y=sumi_y[i]  〈四角yセット〉
            return 1

    for y in range(1,9):  〈評価値テーブル内サーチ〉
        for x in range(1,9):
            if okeruka(y,x,turn)==1:  〈置ける場合〉
                if max_hyouka < aip1_hyouka[y,x]:  〈評価値テーブル内で一番高い評価を探す〉
                    max_hyouka=aip1_hyouka[y,x]  〈最も高い盤面評価値に更新〉
                    max_x=x  〈最も高い盤面評価値の位置xを更新〉
                    max_y=y  〈最も高い盤面評価値の位置yを更新〉
                    #print (chr(x+0x60),y,aip1_hyouka[x,y])
    print(' > %s%d ¥n' % (chr(max_x+0x60),max_y))  〈置く位置表示〉
    aip_x=max_x  〈置く位置xセット〉
    aip_y=max_y  〈置く位置yセット〉
    return 1

# main
if __name__ == "__main__":

    aip1_hyouka=np.array([[0, 0,0,0,0,0,0,0, 0],
                          [0,10,0,4,4,4,4,0,10],
                          [0, 0,0,1,1,1,1,0, 0],
                          [0, 4,1,7,5,5,7,1, 4],
                          [0, 4,1,5,0,0,5,1, 4],
                          [0, 4,1,5,0,0,5,1, 4],
                          [0, 4,1,7,5,5,7,1, 4],
                          [0, 0,0,1,1,1,1,0, 0],
                          [0,10,0,4,4,4,4,0,10]])
                          〈盤面評価値テーブル〉

    man_aip=1  〈人間対あいぴ１　あいぴ１が評価値あいぴ〉
    aip_aip=2  〈あいぴ１対あいぴ２〉
    taisen=aip_aip

    turn=BLACK  〈人間対あいぴ=> man先攻、あいぴ１対あいぴ２=>　あいぴ１先攻〉
```

```
#turn=WHITE 〈人間対あいぴ => あいぴ先攻、あいぴ１対あいぴ２=> あいぴ２先攻〉
okeru_flag=0 〈フラグ変数初期化〉
oku_flag=0
oku_x=0 〈置く変数初期化〉
oku_y=0
init_board() 〈盤面初期化〉
print(aip1_hyouka) 〈評価値テーブル表示〉

while 1: 〈ゲームループ〉
    bcount=disp_board() 〈手数カウント〉
    input_flag=1 〈入力フラグセット〉
    while input_flag==1: 〈入力ループ〉
        owari_flag=owarika(turn) 〈終わりか owarika() 関数起動〉
        if owari_flag==2: 〈試合終了の場合、〉
            print('¥n ＊＊＊＊＊　試合終了　＊＊＊＊＊ ¥n')
            hantei(taisen) 〈勝敗判定 hantei() 関数起動〉
            sys.exit() 〈プログラム終了〉
        print('  ',bcount+1-4,' 手目 :',end="" ) 〈手数の表示〉

        if taisen==man_aip and turn==BLACK: 〈人間対あいぴかつターン黒の場合、〉
            print(' あなた● ',end="")
        elif taisen==man_aip and turn==WHITE: 〈人間対あいぴかつターン白の場合、〉
            print(' あいぴ○ ',end="")
        elif taisen==aip_aip and turn==BLACK: 〈あいぴ対たいぴターン黒の場合、〉
            print(' あいぴ１● ',end="")
        elif taisen==aip_aip and turn==WHITE: 〈あいぴ対あいぴターン白の場合、〉
            print(' あいぴ２○ ',end="")

        if owari_flag==0: 〈ゲーム継続の場合、〉
            print(' の番です ',end="")
        elif owari_flag==1: 〈パスの場合、〉
            print(' 置けません パスします ') 〈パス〉
            if turn==BLACK: 〈ターン黒の場合、〉
                turn=WHITE 〈ターン白セット〉
            else: 〈ターン白の場合、〉
                turn=BLACK 〈ターン黒セット〉

        if taisen==man_aip: 〈人間対盤面評価あいぴの場合、〉
            if turn==BLACK: 〈ターン黒の場合、〉
                man(turn) 〈人間関数起動〉
                oku_x=man_x 〈x 置く位置セット〉
                oku_y=man_y 〈y 置く位置セット〉
                input_flag=0 〈入力フラグリセット〉
            elif turn==WHITE: 〈ターン白の場合、〉
                aip1(turn) 〈盤面評価値あいぴ起動〉
                oku_x=aip_x 〈x 置く位置セット〉
```

```
                oku_y=aip_y  〈y 置く位置セット〉
                input_flag=0  〈入力フラグリセット〉
        elif taisen==aip_aip:  〈あいぴ１対あいぴ２　あいぴ１は盤面評価値あいぴ〉
            if turn==BLACK:  〈盤面評価値あいぴのターン〉
                aip1(turn)  〈盤面評価値あいぴ起動〉
                oku_x=aip_x  〈x 置く位置セット〉
                oku_y=aip_y  〈y 置く位置セット〉
                input_flag=0  〈入力フラグリセット〉
            elif turn==WHITE:  〈乱数あいぴのターン〉
                aip2(turn)  〈乱数あいぴ起動〉
                oku_x=aip_x  〈x 置く位置セット〉
                oku_y=aip_y  〈y 置く位置セット〉
                input_flag=0  〈入力フラグリセット〉

    okeru=okeruka(oku_y,oku_x,turn)  〈置けるか okeruka() 関数起動〉
    if okeru==1:  〈置ける場合、〉
        #print(' 置ける ¥n')
        uragaesu(oku_y,oku_x,turn)  〈裏返す uragaesu() 関数起動〉
        if turn==BLACK:  〈ターン黒の場合、〉
            turn=WHITE  〈ターン白セット〉
        else:  〈ターン白の場合、〉
            turn=BLACK  〈ターン黒セット〉
    else :  〈置けない場合、〉
        print(' そこは置けません　やり直し！')  〈あいぴは使用しない〉
```

5-1-6　盤面評価あいぴと乱数あいぴの対戦実行結果

さっそく乱数あいぴと対戦しました。黒が盤面評価値あいぴ、白が乱数あいぴです。最初に表示しているのが盤面評価値テーブルです (**図 5-1-2**)。盤面評価値テーブルに従って、打ち始めます。A1 から常に探します。

・・・・・・　途中経過省略　・・・・・・・

ゲームを進めると盤面評価値あいぴが勝利を収めました。なかなか強いです (**図 5-1-3**)。

図5-1-2 ゲーム開始直後の様子

```
[[ 0  0  0  0  0  0  0  0  0]
 [ 0 10  0  4  4  4  4  0 10]
 [ 0  0  0  1  1  1  1  0  0]
 [ 0  4  1  7  5  5  7  1  4]
 [ 0  4  1  5  0  0  5  1  4]
 [ 0  4  1  5  0  0  5  1  4]
 [ 0  4  1  7  5  5  7  1  4]
 [ 0  0  0  1  1  1  1  0  0]
 [ 0 10  0  4  4  4  4  0 10]]
   A B C D E F G H
1  ― ― ― ― ― ― ― ―
2  ― ― ― ― ― ― ― ―
3  ― ― ― ― ― ― ― ―
4  ― ― ― ○ ● ― ― ―
5  ― ― ― ● ○ ― ― ―
6  ― ― ― ― ― ― ― ―
7  ― ― ― ― ― ― ― ―
8  ― ― ― ― ― ― ― ―
   1 手目:あいび1● の番です  > d3

   A B C D E F G H
1  ― ― ― ― ― ― ― ―
2  ― ― ― ― ― ― ― ―
3  ― ― ― ● ― ― ― ―
4  ― ― ― ● ● ― ― ―
5  ― ― ― ● ○ ― ― ―
6  ― ― ― ― ― ― ― ―
7  ― ― ― ― ― ― ― ―
8  ― ― ― ― ― ― ― ―
   2 手目:あいび2○ の番です  > c3

   A B C D E F G H
1  ― ― ― ― ― ― ― ―
2  ― ― ― ― ― ― ― ―
3  ― ― ○ ● ― ― ― ―
4  ― ― ― ○ ● ― ― ―
5  ― ― ― ● ○ ― ― ―
6  ― ― ― ― ― ― ― ―
7  ― ― ― ― ― ― ― ―
8  ― ― ― ― ― ― ― ―
```

図5-1-3 ゲーム終了

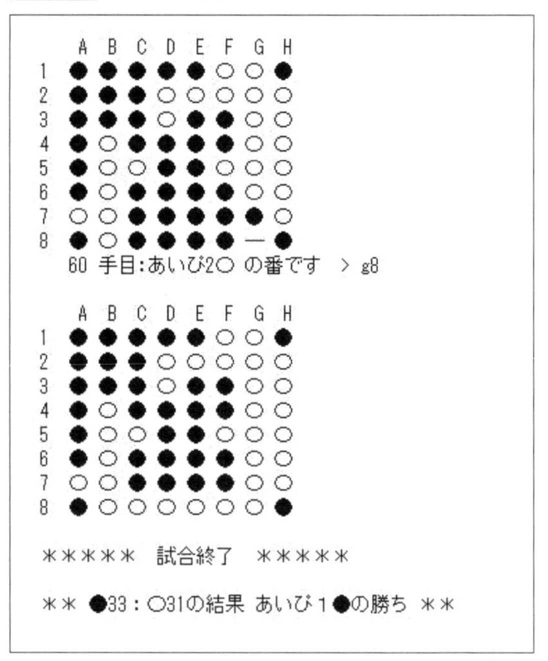

```
   A B C D E F G H
1  ● ● ● ● ● ○ ○ ●
2  ● ● ● ○ ○ ○ ○ ○
3  ● ● ● ○ ● ● ○ ○
4  ● ○ ● ● ● ● ○ ○
5  ● ○ ○ ● ● ○ ○ ○
6  ● ○ ● ● ● ● ○ ○
7  ○ ○ ● ● ● ● ● ○
8  ● ○ ● ● ● ● ― ●
   60 手目:あいび2○ の番です  > g8

   A B C D E F G H
1  ● ● ● ● ● ○ ○ ●
2  ● ● ● ○ ○ ○ ○ ○
3  ● ● ● ○ ● ● ○ ○
4  ● ○ ● ● ● ● ○ ○
5  ● ○ ○ ● ● ○ ○ ○
6  ● ○ ● ● ● ● ○ ○
7  ○ ○ ● ● ● ● ○ ○
8  ● ○ ○ ○ ○ ○ ○ ●

＊＊＊＊＊  試合終了  ＊＊＊＊＊

＊＊ ●33：○31の結果 あいび１●の勝ち ＊＊
```

5-2 盤面評価テーブルをセーブするための事前準備

盤面評価あいぴはうまく動いていますか。盤面評価値テーブルを調整することでそれなりに強いリバーシに育てることができます。

これまで、盤面評価値テーブルはプログラム内に組み込んでいました。評価値テーブルを外部に保存し、プログラム中にロードすることで工夫の幅が広がります。評価値テーブルファイルを作成し、保存するプログラムをここでは作成します。

5-2-1　データ形式

aip1_hyouka.txt は numpy 配列とします。データは「,」で区切られています（リスト 5-2-1）。

《リスト 5-2-1》numpy 配列の形式

```
aip1_hyouka=np.array    ([[0,  0,0,0,0,0,0,0,  0],
                          [0,10,0,4,4,4,4,0,10],
                          [0,  0,0,1,1,1,1,0,  0],
                          [0,  4,1,7,5,5,7,1,  4],
                          [0,  4,1,5,0,0,5,1,  4],   評価値テーブル
                          [0,  4,1,5,0,0,5,1,  4],
                          [0,  4,1,7,5,5,7,1,  4],
                          [0,  0,0,1,1,1,1,0,  0],
                          [0,10,0,4,4,4,4,0,10]])
```

5-2-2　プログラムの構成

numpy 配列 aip1_hyouka をファイル名 aip1_hyouka.txt として保存します（リスト 5-2-2）。

《リスト 5-2-2》Python によるファイルの保存

```
np.savetxt('aip1_hyouka.txt', aip1_hyouka,delimiter=',')
```

5-2-3　プログラム全体

評価値テーブルを save するプログラムリスト全体を示します（リスト 5-2-3）。

《リスト 5-2-3》ファイルを保存するプログラム

```
#!/usr/bin/python3
# -*- coding:utf-8 -*-
```

```
print(' ＊＊＊  あいぴのリバーシ python 版 評価テーブルファイルの作成  ＊＊＊¥n')
import numpy as np

# main
if __name__ == "__main__":
    aip1_hyouka=np.array([[0,  0,0,0,0,0,0,0,  0],
                          [0,10,0,4,4,4,4,0,10],
                          [0,  0,0,1,1,1,1,0,  0],
                          [0,  4,1,7,5,5,7,1,  4],
                          [0,  4,1,5,0,0,5,1,  4],
                          [0,  4,1,5,0,0,5,1,  4],
                          [0,  4,1,7,5,5,7,1,  4],
                          [0,  0,0,1,1,1,1,0,  0],
                          [0,10,0,4,4,4,4,0,10]])    盤面評価値テーブル


    print('¥n ＊＊＊  評価テーブルを作成します。ファイル名：aip1_hyouka.txt  ＊＊＊')
    print(aip1_hyouka[1:9,1:9])    評価値テーブル表示
    np.savetxt('aip1_hyouka.txt', aip1_hyouka,delimiter=',')    盤面評価値テーブルの保存
```

5-2-4 実行結果

5-2-4-1 ファイル保存前の GoogleColaboratory のようす

左側のファイルマネージャにはデフォルトの sample_data フォルダだけが存在しています（**図 5-2-1**）。

図 5-2-1 ファイル保存前の Colab の様子

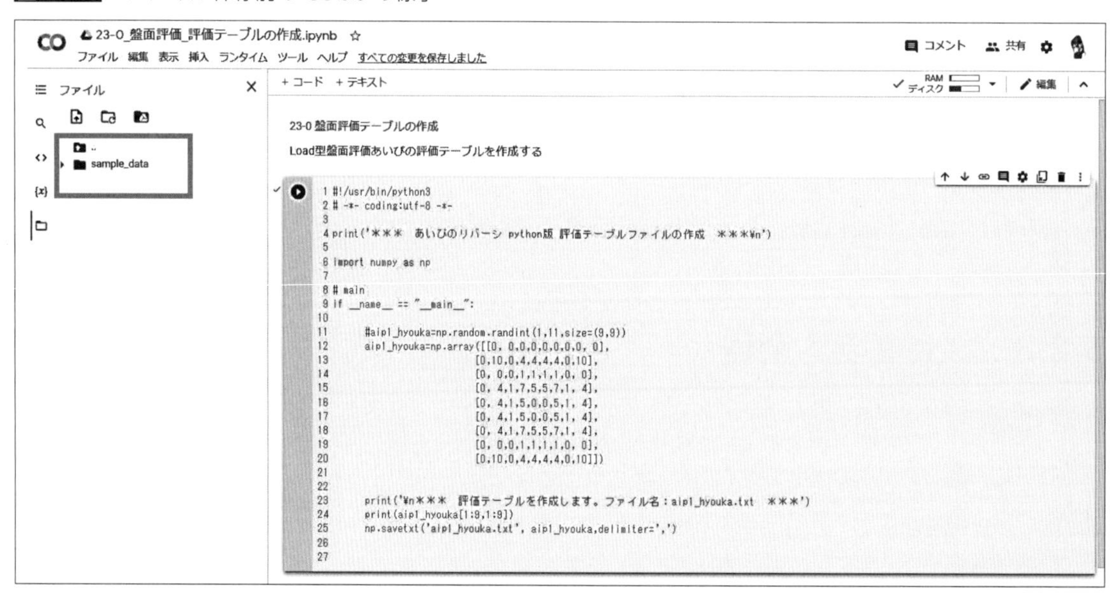

5-2-4-2　評価値テーブルを保存するプログラム実行後

左側ファイルマネージャに aip1_hyouka.txt が生成されました (**図 5-2-2**)。次のプログラム（**リスト 5-3-2**）でこの評価値テーブルファイルをロードします。

図 5-2-2　ファイル保存後の様子

5-2-4-3　保存したファイルをメモ帳で見る

ファイルには実数型で保存されていることがわかります (**図 5-2-3**)。

図 5-2-3　保存したファイルの内容

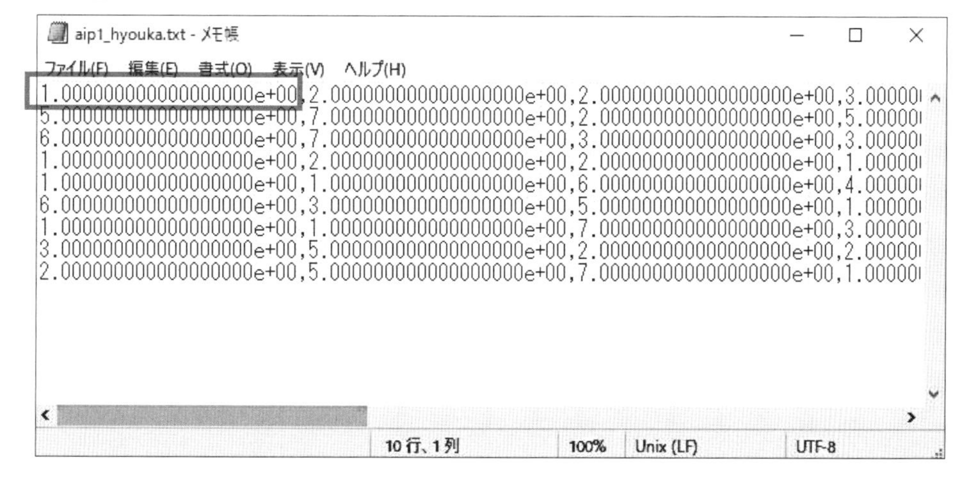

5-2-5　aip1_hyouka.txt が生成された場所

aip1_hyouka.txt が保存された階層よりひとつ上の階層から確認すると、フォルダ content 内に生成されていることがわかります（**図 5-2-4**）。フォルダの並びより Colab 環境は Linux そのものだということが確認できます。なお、生成・アップロードされたファイルやフォルダは時間経過により消滅します。必要に応じて再生成してください。

図 5-2-4　ファイルの場所

5-3 盤面評価値テーブルをロードして使う

5-3-1　学習型あいぴが作った盤面評価値テーブルをロードする

勝てるリバーシ盤面評価値テーブルを作るのは簡単ではありません。そこで勝率の高い盤面評価値テーブルを別のプログラムで準備し、ロードして利用します。保存されている aip1_hyouka.txt をロードします。

5-3-2　評価値テーブルの読み込み

盤面評価値テーブルファイル aip1_hyouka.txt をロードします（リスト 5-3-1）。

《リスト 5-3-1》

```
aip1_hyouka=np.loadtxt('aip1_hyouka.txt',delimiter=',')
```

5-3-3　評価テーブルロード型のプログラムリスト

評価値テーブルロード型戦略あいぴのプログラムリストを示します（リスト 5-3-2）。

《リスト 5-3-2》評価値テーブルロード型戦略あいぴ

```
#!/usr/bin/python3
# -*- coding:utf-8 -*-
print(' ＊＊＊　あいぴのリバーシ python 版 Ver1.6　＊＊＊¥n')

#既出部分省略　〈リスト 3-5-4 参照〉

def man(turn):
  #人間用　〈リスト 4-5-3 参照〉

def aip2(turn):
  #乱数あいぴ　〈リスト 4-5-3 参照〉

def aip1_hyouka(turn):　〈評価値あいぴ〉
    global aip_x,aip_y　〈global 変数宣言〉
    sumi_x=np.array([1,8,1,8])　〈四角 x データ〉
    sumi_y=np.array([1,1,8,8])　〈四角 y データ〉
    max_hyouka=-1　〈評価値サーチ用変数初期化〉
    max_x=-1　〈x 評価値最大値用〉
```

```
    max_y=-1  〈y 評価値最大用

    for i in range(0,4):  〈四角サーチ
        if okeruka(sumi_y[i],sumi_x[i],turn)==1:  〈四角に置ける場合、
            print('¥n>%s%d の角はあいぴがもらった～' % (chr(sumi_x[i]+0x60),sumi_y[i]))
            〈↑四角取得表示
            print('¥n')
            aip_x=sumi_x[i]  〈x 四角セット
            aip_y=sumi_y[i]  〈y 四角セット
            return 1

    for y in range(1,9):  〈評価値テーブルサーチ
        for x in range(1,9):
            if okeruka(y,x,turn)==1:  〈置ける場合、
                if max_hyouka < aip1_hyouka[y,x]:  〈より大きな評価値が見つかれば、
                    max_hyouka=aip1_hyouka[y,x]  〈最大評価値を置き換える
                    max_x=x  〈x 最大セット
                    max_y=y  〈y 最大セット
    print(' > %s%d ¥n' % (chr(max_x+0x60),max_y))  〈最大値表示
    aip_x=max_x  〈x 最大値決定
    aip_y=max_y  〈y 最大値決定
    return 1  〈メインに戻る

# main
if __name__ == "__main__":
    man_aip=1  〈人間対あいぴ 1
    aip_aip=2  〈あいぴ 1 対あいぴ 2
    taisen=aip_aip  〈対戦相手セット

    #turn=BLACK  〈人間対あいぴ => man 先攻、あいぴ 1 対あいぴ 2 =>  あいぴ 1 先攻
    turn=BLACK  〈人間対あいぴ => あいぴ先攻、あいぴ 1 対あいぴ 2 =>  あいぴ 2 先攻
    okeru_flag=0  〈okeru フラグ初期化
    oku_flag=0  〈oku フラグ初期化
    oku_x=0  〈x 置く場所初期化
    oku_y=0  〈y 置く場所初期化
    global aip1_hyouka  〈評価値テーブルグローバル宣言
    init_board1()  〈盤面初期化

    〈外部評価テーブルの読み込み
    〈評価テーブルは外部経由でコピーする
    aip1_hyouka=np.loadtxt('aip1_hyouka.txt',delimiter=',')  〈評価値テーブルロード実行

    print(aip1_hyouka[1:9,1:9])  〈評価値表示
    print('¥n')
    while 1:  〈ゲームループ
        bcount=disp_board()  〈手数カウント
```

```
input_flag=1 〈入力フラグセット
while input_flag==1: 〈判定ループ
    owari_flag=owarika(turn) 〈ゲーム終了判定 owarika() 関数起動
    if owari_flag==2: 〈ゲーム終了の場合、
        print('¥n ＊＊＊＊＊　試合終了　＊＊＊＊＊¥n')
        print(aip1_hyouka[1:9,1:9]) 〈評価値テーブル表示
        hantei(taisen) 〈勝敗判定 hantei() 関数起動
        sys.exit() 〈プログラム終了了
    print('  ',bcount+1-4,' 手目 :',end="" ) 〈手数表示

    if taisen==man_aip: 〈人間対あいぴの処理
        〈リスト 4-5-3 参照
    elif taisen==aip_aip: 〈評価値あいぴ対乱数あいぴの処理
        if turn==BLACK: 〈評価値あいぴ
            aip1_hyouka(turn) 〈評価値あいぴ起動
            oku_x=aip_x 〈x 置く場所セット
            oku_y=aip_y 〈y 置く場所セット
            input_flag=0 〈入力フラグリセット
        elif turn==WHITE: 〈乱数あいぴ
            aip2(turn) 〈乱数あいぴ起動
            oku_x=aip_x 〈x 置く場所セット
            oku_y=aip_y 〈y 置く場所セット
            input_flag=0 〈入力フラグリセット

okeru=okeruka(oku_y,oku_x,turn) 〈置けるか okeruka() 関数起動
if okeru==1: 〈置ける場合、
    #print(' 置ける ¥n')
    uragaesu(oku_y,oku_x,turn) 〈裏返し uragaesi() 関数起動
    if turn==BLACK: 〈評価値あいぴの場合、
        turn=WHITE 〈乱数あいぴセット
    else: 〈乱数あいぴの場合、
        turn=BLACK 〈評価値あいぴセット
else : 〈置けない場合、
    print(' そこは置けません　やり直し！')
```

5-3-4　実行結果

ロードした盤面評価値テーブルは 1 ～ 64 の値で構成されています。

5-3-4-1　ゲームの序盤が進行中（図 5-3-1）。

図 5-3-1　ゲーム序盤

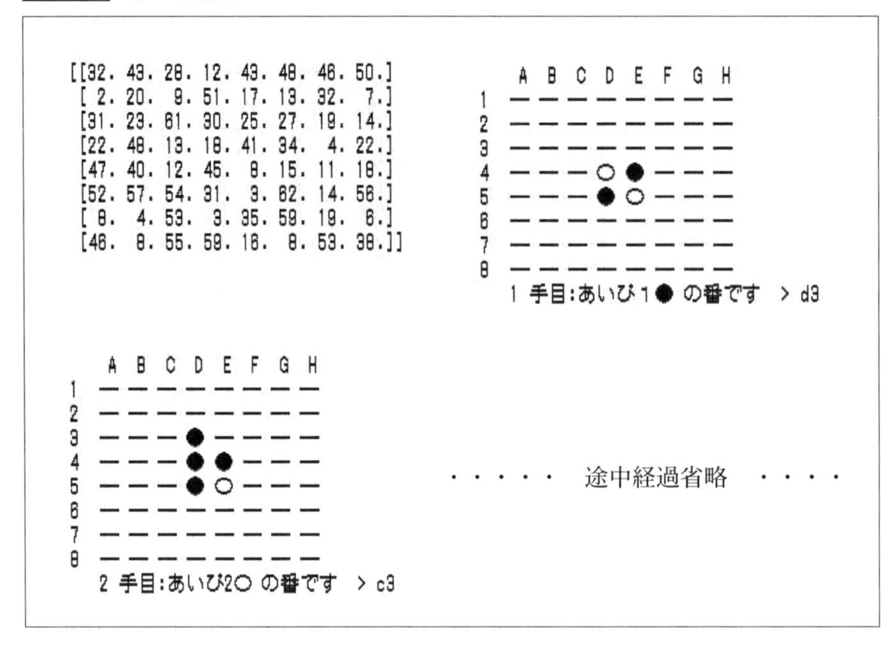

5-3-4-2　ゲーム終了時

あいぴ 1 が勝ちました（図 5-3-2）。

図 5-3-2　ゲーム終了時

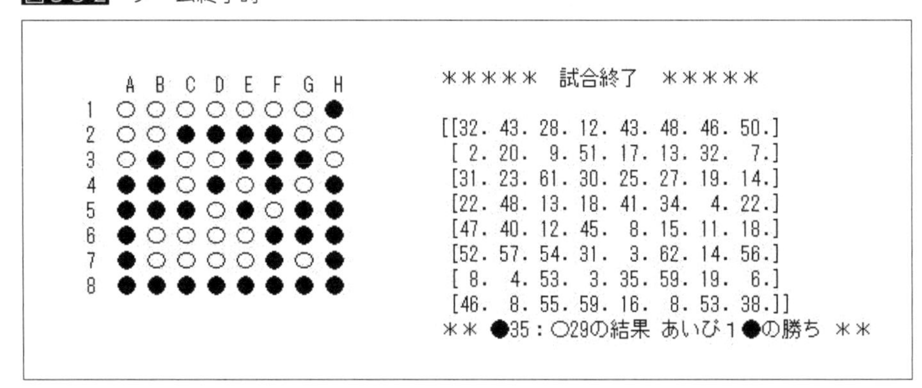

5-4 対戦相手の先攻後攻選択可能

5-4-1　さまざまな対戦相手と戦える盤面評価あいぴ

今回はちょっと欲張っています。Web 上の多数のリバーシと戦える盤面評価あいぴを実装しましょう。

盤面評価あいぴができました。なかなか上達しない自分だけでなく、他のプログラムとも戦ってみたくなりませんか。Web 上には多数のリバーシプログラムが存在するので、相手には困りません。ただ Web 上のプログラムには黒先攻固定であったり、その逆もあったり、選べたり選べなかったり様々なパターンが存在します。そこで、本プログラムも様々なパターンに対応可能にしましょう（**リスト 5-4-1**）。

《リスト 5-4-1》様々な対戦パターン

```
Web 上 : 人間先攻黒・Web 後攻白　→　対応 : あいぴ先攻黒
人間後攻白　＝　あいぴの手を人間として相手に入れる、Web の手を人間として入れる。
```

5-4-2　プログラムの考え方

様々な対戦相手の組み合わせに対応します（**リスト 5-4-2**）。

《リスト 5-4-2》様々な対戦相手への対応

```
man_aip=1   〈人間対あいぴ〉
aip_aip=2   〈あいぴ対あいぴ〉
aip_man=3   〈あいぴ対人間〉
taisen=aip_man   〈ここで対戦モード選択〉

#turn=WHITE #
turn=BLACK   〈先攻は黒が基準〉

# 必要な対戦パターンを記述
    if　人間対あいぴ
            if　人間のターン
            elif　戦略あいぴのターン

    elif　あいぴ対人間
            if　戦略あいぴのターン
            elif　人間のターン
```

5-4-3　様々な対戦相手に対応したプログラムリストについて

様々な対戦相手に対応できるプログラムリストを示します（リスト 5-4-3)。

《リスト 5-4-3》対戦相手と先攻黒白を変更できるプログラムリスト

```
#!/usr/bin/python3
# -*- coding:utf-8 -*-

print(' ＊＊＊  あいぴのオセロ python版 Ver1.7.0  ＊＊＊ ¥n')

#初期設定と関数省略 〈リスト3-5-4参照〉

# main
if __name__ == "__main__":
    man_aip=1 # man vs aip 〈人間対あいぴ1〉 〈対戦相手定義〉
    aip_aip=2 # aip vs aip 〈評価値あいぴ対乱数あいぴ〉
    aip_man=3 # aip vs man 〈評価値あいぴ対人間〉
    taisen=man_aip 〈対戦相手選択〉

    turn=WHITE 〈白先攻、ここで先攻後攻を入れ替える〉
    #turn=BLACK 〈黒先攻、先攻は黒が標準ルール〉
    okeru_flag=0 〈okeruフラグ初期化〉
    oku_flag=0 〈okuフラグ初期化〉
    oku_x=0 〈置くx初期化〉
    oku_y=0 〈置くy初期化〉

    global aip1_hyouka 〈盤面評価値テーブルグローバル宣言〉
    aip1_hyouka=np.array([[0,  0,0,0,0,0,0,0,  0],
                          [0,10,1,4,4,4,4,1,10],
                          [0,  1,1,2,2,2,2,1,  1],
                          [0,  4,2,7,5,5,7,2,  4],
                          [0,  4,2,5,0,0,5,2,  4],   〈盤面評価値テーブル〉
                          [0,  4,2,5,0,0,5,2,  4],
                          [0,  4,2,7,5,5,7,2,  4],
                          [0,  1,1,2,2,2,2,1,  1],
                          [0,10,1,4,4,4,4,1,10]])

global okeruka_table 〈okerukaテーブルグローバル宣言〉
    okeruka_table=np.zeros([10,10]) 〈okerukaテーブル初期化〉

    init_board1() 〈盤面初期化〉

    while 1: 〈ゲームループ〉
        bcount=disp_board() 〈手数カウント〉
        input_flag=1 〈入力フラグセット〉
```

```
while input_flag==1:  〈キー入力ループ〉
    owari_flag=owarika(turn)  〈終了判定〉
    if owari_flag==2:  〈ゲーム終了の場合、〉
        print('¥n ＊＊＊＊＊  試合終了  ＊＊＊＊＊¥n')
        print(aip1_hyouka[1:9,1:9])  〈評価値テーブル表示〉
        hantei(taisen)  〈勝敗 hantei() 関数起動〉
        sys.exit()  〈プログラム終了〉
    print('  ',bcount+1-4,' 手目 :',end="" )  〈手数表示〉
    if taisen==man_aip and turn==BLACK:  〈人間対あいぴ、ターン黒の場合、〉
        print(' あなた● ',end="")
    elif taisen==man_aip and turn==WHITE:  〈人間対あいぴ、ターン白の場合、〉
        print(' あいぴ〇 ',end="")
    elif taisen==aip_man and turn==BLACK:  〈あいぴ対人間、ターン黒の場合、〉
        print(' あいぴ● ',end="")
    elif taisen==aip_man and turn==WHITE:  〈あいぴ対人間、ターン白の場合、〉
        print(' あなた〇 ',end="")
    elif taisen==aip_aip and turn==BLACK:  〈あいぴ対あいぴ、ターン黒の場合、〉
        print(' あいぴ● ',end="")
    elif taisen==aip_aip and turn==WHITE:  〈あいぴ対あいぴ、ターン白の場合、〉
        print(' あいぴ〇 ',end="")

    if owari_flag==0:  〈ゲーム継続の場合、〉
        print(' の番です ',end="")
    elif owari_flag==1:  〈パスの場合、〉
        print(' 置けません パスします ')
        if turn==BLACK:  〈ターン黒の場合、〉
            turn=WHITE  〈ターン白〉
        else:  〈ターン白の場合、〉
            turn=BLACK  〈ターン黒〉

    if taisen==man_aip:  〈人間対評価値あいぴの場合、〉
        if turn==BLACK:  〈ターン黒の場合、〉
            man(turn)  〈人間ターン〉
            oku_x=man_x  〈x 駒位置セット〉
            oku_y=man_y  〈y 駒位置セット〉
            input_flag=0  〈キー入力フラグリセット〉
        elif turn==WHITE:  〈ターン白の場合、〉
            aip_hyouka(turn)  〈評価値あいぴターン〉
            oku_x=aip_x  〈x 駒位置セット〉
            oku_y=aip_y  〈y 駒位置セット〉
            input_flag=0  〈キー入力フラグリセット〉

    elif taisen==aip_aip:  〈評価値あいぴ対乱数あいぴ〉
        if turn==BLACK:  〈ターン黒の場合、〉
            aip_hyouka(turn)  〈評価値あいぴターン〉
            oku_x=aip_x  〈x 駒位置セット〉
```

```
                oku_y=aip_y  〈y駒位置セット
                input_flag=0
            elif turn==WHITE:  〈ターン白の場合、
                aip_random(turn)  〈乱数あいぴターン
                oku_x=aip_x  〈x駒位置セット
                oku_y=aip_y  〈y駒位置セット
                input_flag=0  〈キー入力フラグリセット

        elif taisen==aip_man:  〈評価値あいぴ対人間
            if turn==BLACK:  〈ターン黒の場合、
                aip_hyouka(turn)  〈評価値あいぴターン
                oku_x=aip_x  〈x駒位置セット
                oku_y=aip_y  〈y駒位置セット
                input_flag=0  〈キー入力フラグリセット
            elif turn==WHITE:  〈白ターンの場合、
                man(turn)  〈人間ターン
                oku_x=man_x  〈x駒位置セット
                oku_y=man_y  〈y駒位置セット
                input_flag=0  〈キー入力フラグリセット

    okeru=okeruka(oku_y,oku_x,turn)  〈置けるか関数起動
    if okeru==1:  〈置ける場合、
        #print(' 置ける ¥n')
        uragaesu(oku_y,oku_x,turn)  〈裏返す関数起動
        if turn==BLACK:  〈ターン黒の場合、
            turn=WHITE  〈ターン白
        else:  〈ターン白の場合、
            turn=BLACK  〈ターン黒
    else :  〈置けない場合、
        print(' そこは置けません　やり直し！ ')
```

5-4-4　さまざまな対戦の実行結果

5-4-4-1　実行結果その 1（あいぴ対人間・あいぴ先攻）

黒あいぴ対白人間の対戦です。黒先攻です（リスト 5-4-4)。

《リスト 5-4-4》黒人間先攻の設定

```
man_aip=1  〈人間対あいぴ 1
aip_aip=2  〈aip vs aip
aip_man=3  〈aip vs man
taisen=aip_man  〈あいぴ対人間選択

#turn=WHITE  〈白先攻
turn=BLACK  〈黒先攻、先攻は黒が標準ルール
```

黒あいぴ先攻でゲームを始めました（図 5-4-1)。

図 5-4-1　ゲーム序盤戦

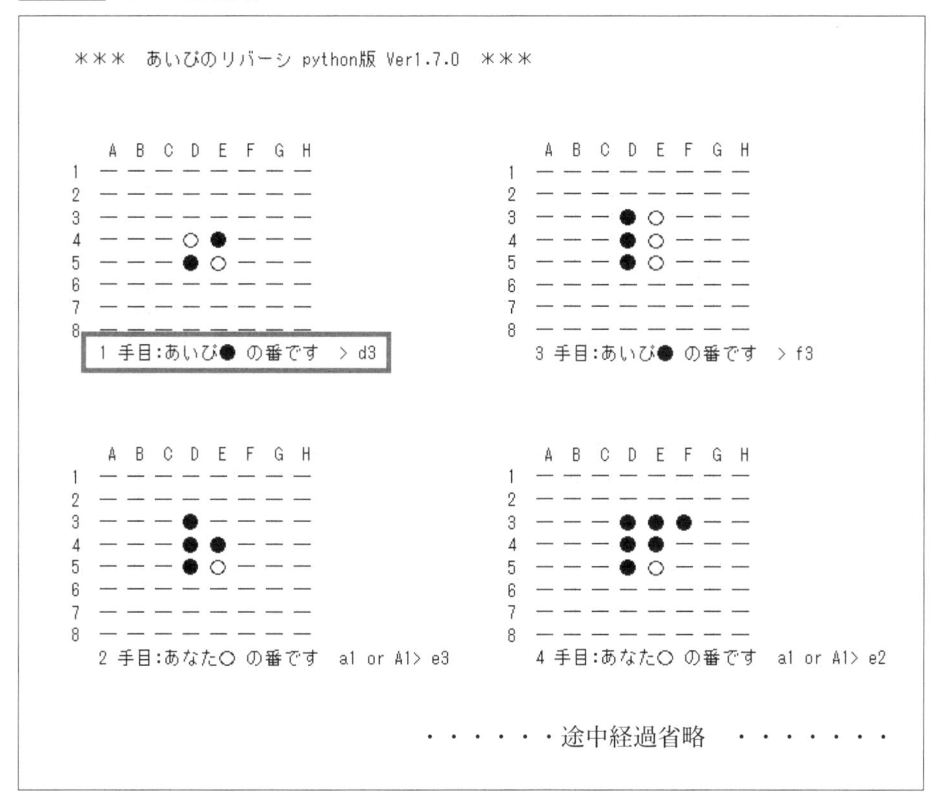

人間が勝つことができました（**図 5-4-2**）。実際の人間は web で見つけたリバーシ対戦プログラム初級です。あいぴ、弱い！

図 5-4-2　ゲーム終了

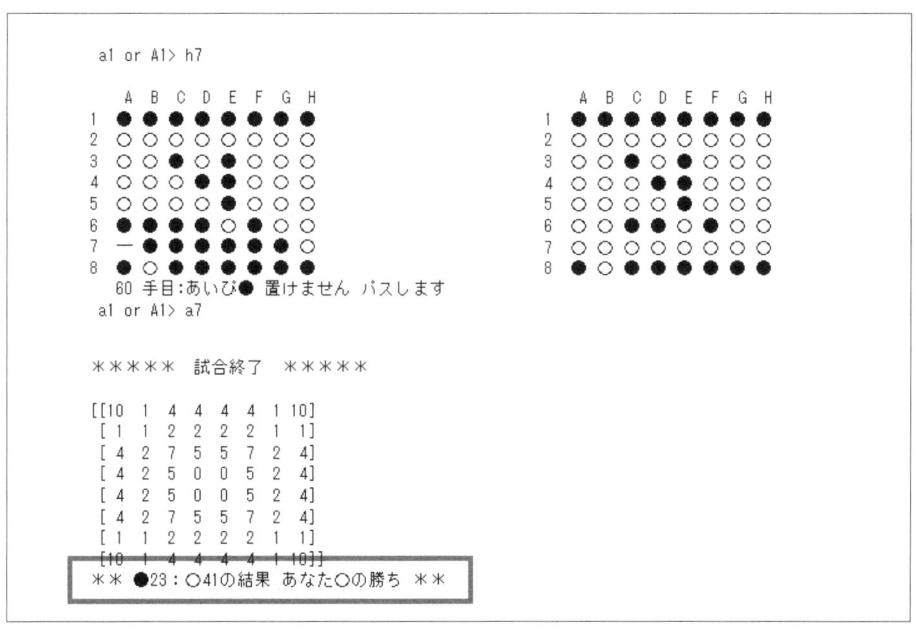

5-4-4-2　実行結果その２（あいぴ対人間、人間先攻）

あいぴ対人間の対戦です。黒あいぴ対白人間、白人間先攻設定です（**リスト 5-4-5**）。

《リスト 5-4-5》白人間先攻の設定

```
man_aip=1      〈man vs aip 人間対あいぴ 1
aip_aip=2      〈aip vs aip
aip_man=3      〈aip vs man
taisen=aip_man

turn=WHITE     〈白先攻
#turn=BLACK    〈黒先攻、先攻は黒が標準ルール
```

標準の黒先攻を白先攻に入れ替えることもできます。ただ、リバーシルールでは黒が先攻です（**図 5-4-3**）。

図 5-4-3　白人間先攻によるゲーム

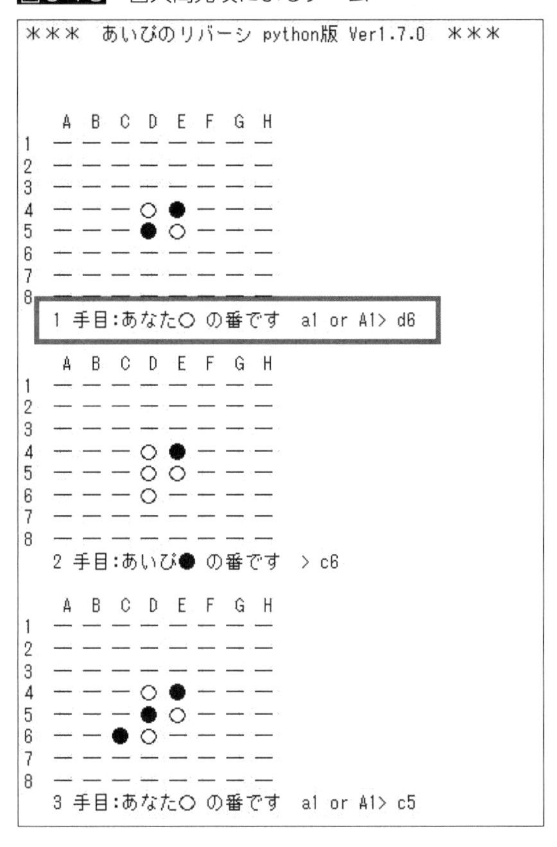

コラム５ 人工知能 AI とデータサイエンス

ビッグデータをご存じですか。名前の通り、大量のデータを意味します。アンケートなどで大量に集めたものの多すぎてうまく分析活用できず放置されたデータもあります。このビッグデータは人工知能 AI を活用することで宝の山に生まれ変わります。

ある製品についてアンケートを実施したとしましょう。その製品を知っている、知らないのなどの単純選択項目の集計は簡単にできるでしょう。アンケートには自由記述欄が設けられていることが多いですが、ここに書かれた記述はどの程度活用されるのでしょうか。数万人から寄せられたアンケートの記述が本当に生かされているのかなあと感じたことはありませんか。

そこに人工知能 AI がさっそうと登場しました。ビッグデータから傾向を分析する、データ同志結びつきを予測する、記述された大量の語句が示す方向を探り出すなど、ビッグデータを存分に活用することができるようになったのです。どのような単語が多く使われているか人工知能 AI を活用して分析することで、対象者の好みや傾向を知ることができます。その結果、商品開発であれば消費者が欲しいものを的確にリリースすることができるようになりました。状況アンケートであれば、困っていることや希望することを明確に浮かび上がらせることができます。今後の方向性を示すキーワードを得ることもできます。これは画期的なことです。

筆者もあるアンケートにおいてこの手法を活用しました。アンケートそのものは Google フォームを使って用意します。用意したアンケートの URL を対象者に送信すれば準備完了です。

結果は自動的にフォームに集まり集計されます。自由記述部分は別に取り込み、Python で処理してワードクラウドとして表示すると誰にでもわかりやすい結果を簡単に手にすることができました。

アンケートを人工知能 AI により分析することで得ることができた、わかる、できる、楽しい、未来、創造などのキーワードは今後の方針選定などに生かすことができます。この手軽さはひいひい言いながら正の字カウントしていたほんの少し前の時代からは考えられなかったことです。

このようにビッグデータを分析して活かす分野がデータサイエンスです。興味のある方はぜひ入門の扉をたたいてみてください。新しい切り口を見つけられると思います。

第6章

あいぴを強くする方法を考える

6-1 戦略あいぴの紹介

6-1-1　手数で戦い方を変える戦略あいぴ

リバーシゲームの進み具合によって戦い方を変える戦略あいぴを実装しましょう。戦略あいぴイメージキャラクタを紹介します（図 6-1-1）。

図 6-1-1　戦略あいぴ
イメージキャラクタ

6-1-2　リバーシ必勝戦略を考える

Web 上にある様々なリバーシとゲームをしているうちに、「戦略（戦う方針）あいぴ」を試したくなりました。戦略は次のように決めました（リスト 6-1-1）。

《リスト 6-1-1》戦略あいぴ

```
【戦略あいぴ】
(1) 序盤戦は駒をあまり取らない。
(2) 中盤は中心付近に駒を固め、最も外周は先に取らない。
(3) 四角は優先して取る。
(4) 終盤は可能な限り多く取る。
```

6-1-3　戦略あいぴについて

15 手以下を序盤として最小モード、34 手以下の中盤を乱数モード、49 手以下の中盤を盤面評価値モード、50 手以上の終盤を最大モードとして駒を取るのが戦略あいぴです（リスト 6-1-1）。戦略あいぴを実装するために、ある位置に駒を置いた場合、いくつ駒を取ることができるかをカウントしてテーブルに記録するルーチンを新たに設けました（リスト 6-1-2）。

《リスト 6-1-2》戦略あいぴの構成

```
def aip_senryaku(turn):  〈戦略あいぴ〉
    初期設定
    現在の盤面バックアップ用テーブル定義
    現在の盤面バックアップ
    取れるコマ数記録用テーブル定義
    手数計算

    四角を優先的に取る
```

```
    if 手数 15 手以下   →   最小モード：駒をなるべく少なく取る評価値を優先
        置ける場合
            取れるコマ数を数えて、取れるコマ数をテーブルに記録
        取れるコマ数最小が確定
        取れるコマ数最小の中で最大評価値を決定
            その時の駒位置セット

    elif  手数 34 手以下  →  乱数モード

    elif  手数 49 手以下  →  盤面評価値モード

    elif  手数 50 以上  →  最大モード：一番多く駒が取れる盤面評価値を使う
       取れるコマ数を数えて、取れるコマ数テーブルに記録
           取れるコマ数最大が確定
       取れるコマ数最大の中で最大評価値を決定
           その時の駒位置セット
```

6-1-4　戦略あいぴプログラムリスト

ゲーム手数によって戦略を変える戦略あいぴプログラムリスト全体を示します（**リスト 6-1-3**)。

《リスト 6-1-3》戦略あいぴのプログラム

```
#!/usr/bin/python3
# -*- coding:utf-8 -*-

print(' ＊＊＊  あいぴのリバーシ python 版 Ver1.7.1  ＊＊＊ ¥n')

def man(turn):  〈人間
  〈リスト 4-5-3 参照

def aip_random(turn):  〈乱数あいぴ
  〈リスト 4-5-3 参照

def aip_hyouka(turn):  〈評価値あいぴ
  〈リスト 5-3-2 参照

def aip_senryaku(turn):  〈戦略あいぴ
    global aip_x,aip_y  〈初期設定
    sumi_x=np.array([1,8,1,8])  〈x 四角位置データ
    sumi_y=np.array([1,1,8,8])  〈y 四角位置データ
    max_hyouka=-1  〈評価値フラグ初期化
    max_x=-1  〈最大値 x 初期化
    max_y=-1  〈最大値 y 初期化
    global board  〈盤面グローバル宣言
```

```
backup_board=np.zeros([10,10])  〈現在の盤面バックアップ用テーブル定義
backup_board=board  〈現在の盤面バックアップ
torikoma=np.zeros([10,10])  〈取れるコマ数記録用テーブル定義
sinkou=np.count_nonzero(board)-1+4-6  〈手数計算


for i in range(0,4):  〈四角を優先的に取る
    if okeruka(sumi_y[i],sumi_x[i],turn)==1:  〈四角に置ける場合、
        print('¥n>%s%d の角はあいぴがもらった～' % (chr(sumi_x[i]+0x60),sumi_y[i]))
        print('¥n')
        aip_x=sumi_x[i]  〈x 四角セット
        aip_y=sumi_y[i]  〈y 四角セット
        return 1

if sinkou < 16:  〈手数 15 以下 → 最小モード
    #print('¥n ＊＊＊ あいぴ最小モード ＊＊')
    print('¥nsinkou < 16  最小モード：',sinkou)
    for y in range(1,9):  〈盤面状況サーチ
        for x in range(1,9):
          board=np.copy(backup_board)  〈現在の盤面状況を退避
          if okeruka(y,x,turn)==1:  〈置ける場合
              uragaesu(y,x,turn)  〈裏返す
              torikoma[y,x]=np.count_nonzero(board==2)  〈取れるコマ数を数えて、取れるコマ数テーブルに記録
    tori_min=np.amin(torikoma[np.nonzero(torikoma)])  〈取れるコマ数最小が確定
    max_hyouka=0  〈評価値最大フラグ初期化
    for y in range(1,9):  〈取れ駒最小値サーチ
        for x in range(1,9):
            if torikoma[y,x]==tori_min:  〈取れるコマ数最小の中で
                if max_hyouka < aip1_hyouka[y,x]:  〈最大評価値が決定
                    max_x=x  〈その時の駒位置セット
                    max_y=y
                    max_hyouka=aip1_hyouka[y,x]

    elif sinkou < 35:  〈手数 34 以下 → 乱数モード
    #print('¥n ＊＊＊ あいぴ乱数モード ＊＊')
    print('¥nsinkou < 35 乱数モード：',sinkou)
    random_flag=0  〈乱数フラグ初期化
    while random_flag==0:  〈乱数モード起動
        x=random.randint(1,8)  〈乱数により取る駒位置
        y=random.randint(1,8)
        #print('aip:x,y=',x,y)
        if okeruka(y,x,turn)==1:  〈置ける場合
            #print(' > %s%d ¥n' % (chr(x+0x60),y))
            max_x=x  〈x 置く位置セット
            max_y=y  〈y 置く位置セット
```

```
                random_flag=1  〈乱数フラグセット


    elif sinkou < 50:  〈手数49以下 → 盤面評価モード
        #print('¥n ＊＊＊ あいぴ盤面評価モード ＊＊ ')
        print('¥nsinkou < 50 評価値テーブルモード:',sinkou)
        for x in range(1,9):  〈盤面評価値サーチ
            for y in range(1,9):
                if okeruka(y,x,turn)==1:  〈置ける場合、
                    if max_hyouka < aip1_hyouka[y,x]:  〈盤面評価値によって置く駒位置を決定
                        max_hyouka=aip1_hyouka[y,x]
                        max_x=x  〈x最大置く位置セット
                        max_y=y  〈y最大置く位置セット



    elif sinkou >= 50:  〈手数50以上 → 一番多く駒が取れる評価値を使う
        #print('¥n ＊＊＊ あいぴ最大モード ＊＊ ')
        print('¥n 50<sinkou 最大モード:',sinkou)
        for y in range(1,9):  〈取れ駒最大値サーチ
            for x in range(1,9):
              board=np.copy(backup_board)  〈現在の盤面状況を退避
              if okeruka(y,x,turn)==1:  〈置ける場合
                  uragaesu(y,x,turn)  〈裏返す
                  torikoma[y,x]=np.count_nonzero(board==2)  〈取れるコマ数を数えて、取れるコマ数テーブルに記録
                  print('torikoma_su=',chr(x+0x60),y,torikoma[y,x])
        tori_max=np.amax(torikoma[np.nonzero(torikoma)])  〈取れるコマ数最大が確定
        max_hyouka=0  〈評価値最大フラグリセット
        for y in range(1,9):  〈取れ駒最大値サーチ
            for x in range(1,9):
                if torikoma[y,x]==tori_max:  〈取れるコマ数最大の中で
                    if max_hyouka < aip1_hyouka[y,x]:  〈最大評価値が決定
                        max_x=x  〈x最大値セット
                        max_y=y  〈y最大値セット
                        max_hyouka=aip1_hyouka[y,x]  〈最大評価値セット

    aip_x=max_x  〈x最大置く位置セット
    aip_y=max_y  〈y最大置く位置セット
    print(' > %s%d ¥n' % (chr(aip_x+0x60),aip_y))
    board=np.copy(backup_board)  〈盤面データ復帰
    return 1  〈aip_senryaku() 関数終了

# main
if __name__ == "__main__":
    man_aip=1  〈人間対戦略あいぴ
    aip_aip=2  〈戦略あいぴ対乱数あいぴ
```

```
aip_man=3    戦略あいぴ対人間
taisen=aip_man    ここで対戦モード選択

#turn=WHITE #
turn=BLACK    先攻は黒が標準ルール
okeru_flag=0    okeru フラグ初期化
oku_flag=0    oku フラグ初期化
oku_x=0    x 置く位置初期化
oku_y=0    y 置く位置初期化
global aip1_hyouka    評価値テーブルグローバル宣言
aip1_hyouka=np.array([[0,  0,0,0,0,0,0,0,  0],
                      [0,10,1,4,4,4,4,1,10],
                      [0,  1,1,2,2,2,2,1,  1],
                      [0,  4,2,7,5,5,7,2,  4],
                      [0,  4,2,5,0,0,5,2,  4],    標準評価値テーブル
                      [0,  4,2,5,0,0,5,2,  4],
                      [0,  4,2,7,5,5,7,2,  4],
                      [0,  1,1,2,2,2,2,1,  1],
                      [0,10,1,4,4,4,4,1,10]])
global okeruka_table    okeruka テーブルグルーバル宣言
okeruka_table=np.zeros([10,10])    okeruka テーブル初期化

init_board1()    盤面初期化
print('¥n')

while 1:    ゲームループ
    bcount=disp_board()    手数カウント
    input_flag=1    入力フラグ初期化
    while input_flag==1:    入力ループ
        owari_flag=owarika(turn)
        if owari_flag==2:    ゲーム終了
            print('¥n *****   試合終了   ***** ¥n')
            print(aip1_hyouka[1:9,1:9])
            hantei(taisen)    終了判定 hantei() 関数起動
            sys.exit()    プログラム終了
        print('  ',bcount+1-4,' 手目 :',end="" )    進行表示
        if taisen==man_aip and turn==BLACK:    人間対戦略あいぴ、ターン黒の場合、
            print(' あなた● ',end="")
        elif taisen==man_aip and turn==WHITE:    人間対戦略あいぴ、ターン白の場合、
            print(' あいぴ○ ',end="")
        elif taisen==aip_man and turn==BLACK:    戦略あいぴ対人間、ターン黒の場合、
            print(' あいぴ● ',end="")
        elif taisen==aip_man and turn==WHITE:    戦略あいぴ対人間、ターン白の場合、
            print(' あなた○ ',end="")
        elif taisen==aip_aip and turn==BLACK:    戦略あいぴ対乱数あいぴ、ターン黒の場合、
            print(' あいぴ● ',end="")
```

```
elif taisen==aip_aip and turn==WHITE:  〈戦略あいぴ対乱数あいぴ、ターン白の場合、
    print(' あいぴ○ ',end="")
if owari_flag==0:  〈ゲーム続行の場合、
    print(' の番です ',end="")
elif owari_flag==1:  〈パスの場合、
    print(' 置けません パスします ')
    if turn==BLACK:  〈ターン黒の場合、
        turn=WHITE  〈ターン白、
    else:  〈ターン白の場合、
        turn=BLACK  〈ターン黒

if taisen==man_aip:  〈人間対戦略あいぴの場合、
    if turn==BLACK:  〈ターン黒の場合、
        man(turn)  〈人間
        oku_x=man_x  〈人間 xy 置く位置セット
        oku_y=man_y
        input_flag=0  〈入力フラグリセット
    elif turn==WHITE:  〈ターン白の場合、
        aip_senryaku(turn)  〈戦略あいぴ
        oku_x=aip_x  〈あいぴ yx 置く位置セット
        oku_y=aip_y
        input_flag=0  〈入力フラグリセット

elif taisen==aip_man:  〈戦略あいぴ対人間の場合、
    if turn==BLACK:  〈ターン黒の場合、
        aip_senryaku(turn)  〈戦略あいぴ
        oku_x=aip_x  〈あいぴ xy 置く位置セット
        oku_y=aip_y
        input_flag=0  〈入力フラグリセット
    elif turn==WHITE:  〈ターン白の場合、
        man(turn)  〈人間
        oku_x=man_x  〈人間 xy 置く位置セット
        oku_y=man_y
        input_flag=0  〈入力フラグリセット

elif taisen==aip_aip:  〈戦略あいぴ対乱数あいぴ
    if turn==BLACK:  〈ターン黒の場合、
        aip_senryaku(turn)  〈戦略あいぴ
        oku_x=aip_x  〈戦略あいぴ xy 置く位置セット
        oku_y=aip_y
        input_flag=0  〈入力フラグリセット
    elif turn==WHITE:  〈ターン白の場合、
        aip_random(turn)  〈乱数あいぴ
        oku_x=aip_x  〈乱数あいぴ xy 置く位置セット
        oku_y=aip_y
        input_flag=0  〈入力フラグリセット
```

```
      okeru=okeruka(oku_y,oku_x,turn)   〈置けるか okeruka() 関数起動

      if okeru==1:  〈置ける場合
          #print(' 置ける ¥n')
          uragaesu(oku_y,oku_x,turn)   〈裏返す
          if turn==BLACK:   〈ターン交替
              turn=WHITE
          else:
              turn=BLACK
      else :  〈置けない場合
          print(' そこは置けません　やり直し！')
```

6-1-5　実行結果

戦略あいぴ対人間のゲームの様子です。

6-1-5-1　最初～16手未満の最小モード（図 6-1-2）

駒を置いた場合に取ることができる駒数を調べて、一番少なく取る位置に駒を置きます（図 6-1-2）。

図 6-1-2　最小モード

```
＊＊＊　あいぴのリバーシ python版 Ver1.7.1　＊＊＊

   A B C D E F G H
 1 ─ ─ ─ ─ ─ ─ ─ ─
 2 ─ ─ ─ ─ ─ ─ ─ ─
 3 ─ ─ ─ ─ ─ ─ ─ ─
 4 ─ ─ ─ ○ ● ─ ─ ─
 5 ─ ─ ─ ● ○ ─ ─ ─
 6 ─ ─ ─ ─ ─ ─ ─ ─
 7 ─ ─ ─ ─ ─ ─ ─ ─
 8 ─ ─ ─ ─ ─ ─ ─ ─
   1 手目:あいぴ● の番です
sinkou < 16  最小モード: 1
 > d3

   A B C D E F G H
 1 ─ ─ ─ ─ ─ ─ ─ ─
 2 ─ ─ ─ ─ ─ ─ ─ ─
 3 ─ ─ ─ ● ─ ─ ─ ─
 4 ─ ─ ─ ● ● ─ ─ ─
 5 ─ ─ ─ ● ○ ─ ─ ─
 6 ─ ─ ─ ─ ─ ─ ─ ─
 7 ─ ─ ─ ─ ─ ─ ─ ─
 8 ─ ─ ─ ─ ─ ─ ─ ─
   2 手目:あなた○ の番です  a1 or A1> c5

   A B C D E F G H
 1 ─ ─ ─ ─ ─ ─ ─ ─
 2 ─ ─ ─ ─ ─ ─ ─ ─
 3 ─ ─ ─ ● ─ ─ ─ ─
 4 ─ ─ ─ ● ● ─ ─ ─
 5 ─ ─ ○ ○ ○ ─ ─ ─
 6 ─ ─ ─ ─ ─ ─ ─ ─
 7 ─ ─ ─ ─ ─ ─ ─ ─
 8 ─ ─ ─ ─ ─ ─ ─ ─
   3 手目:あいぴ● の番です
sinkou < 16  最小モード: 3
 > c6
```

6-1-5-2　16手～35手未満までの乱数モード（図6-1-3）

乱数を使って駒を置きます。

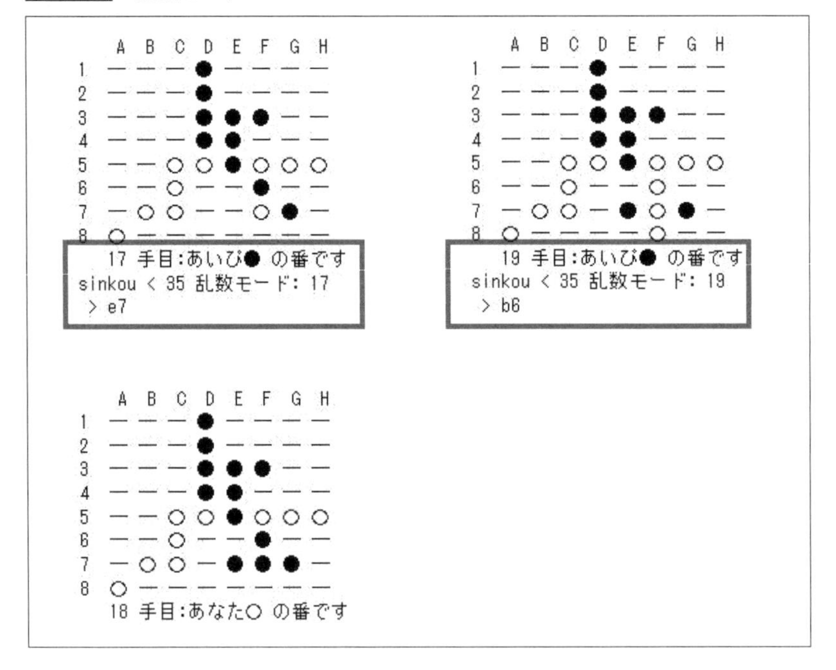

図6-1-3　乱数モード

6-1-5-3　35手～50手未満までの盤面評価値テーブルモード（図6-1-4）

盤面評価値を使って駒を置きます。

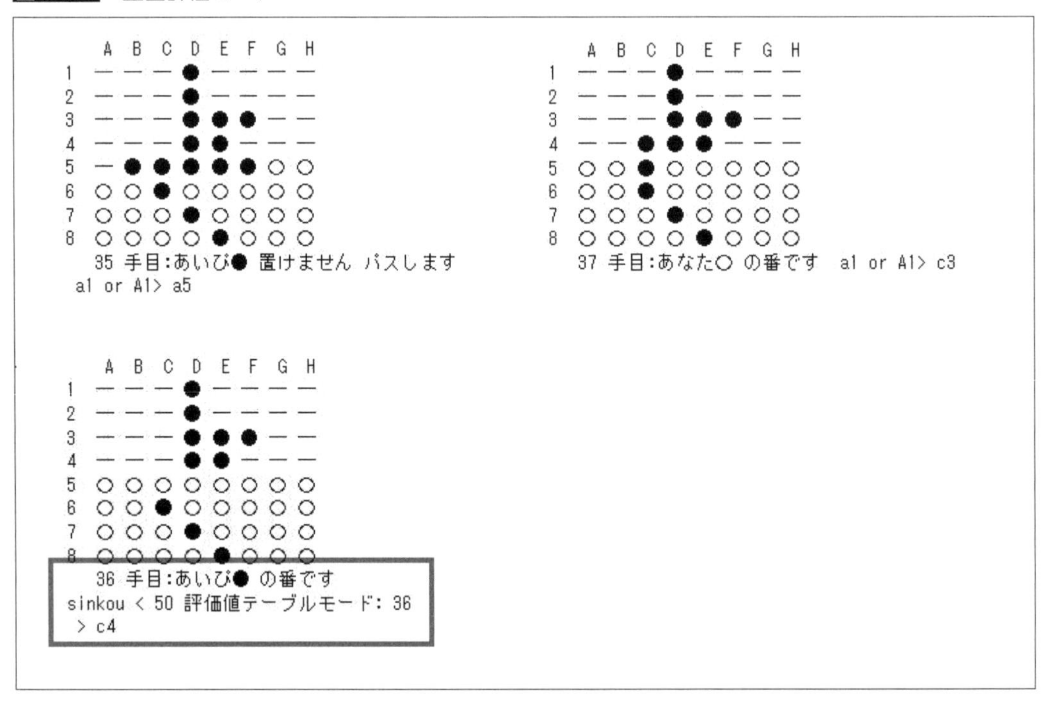

図6-1-4　盤面評価モード

6-1-5-4　最終に向けての最大モード

駒を置いた場合に取ることができる駒数を調べて、一番多く取れる位置に駒を置きます（図6-1-5）。

図6-1-5　最大モード

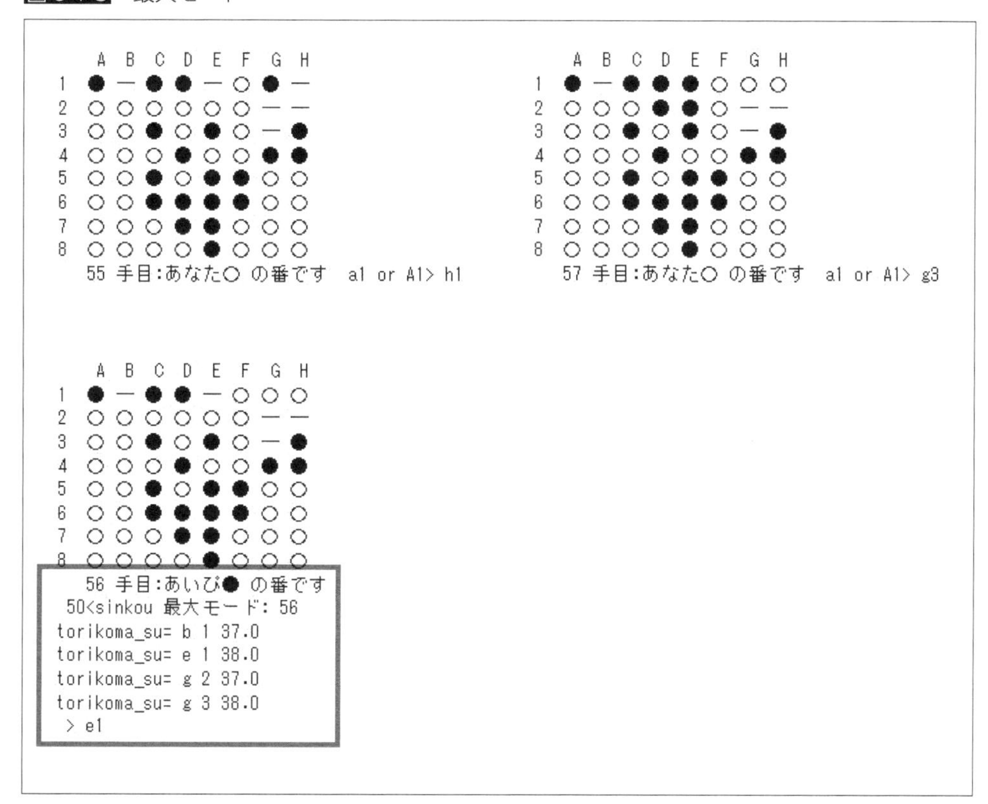

6-1-5-5　27対37で人間が勝利

途中経過が解りやすいように表示している部分は動作確認後、コメントアウトすると良いでしょう（図6-1-6）。

図6-1-6　ゲーム終了

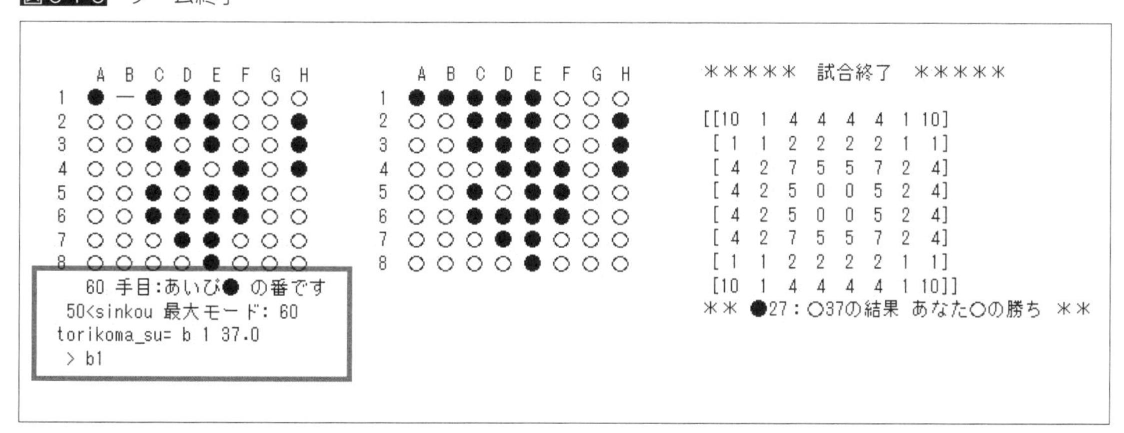

6-2 あいぴ同士の連続ゲーム

6-2-1　あいぴ同志が連続ゲームにより勝率を評価確認できるプログラム

乱数あいぴ、盤面評価あいぴ、戦略あいぴなど様々なあいぴをプログラミングにより実装しました。そこであいぴ達に多数のゲームをさせてどのくらい強いのか勝率を見たくなりました。100 回でも 1000 回でも好きなだけ連続して戦わせることができるプログラムです。

6-2-2　プログラムの考え方

6-2-1-1　連続ゲーム実行部

連続ゲームを実現するために、ゲーム実行部を aip_riversi() として関数化します。aip_riversi() を呼び出すことでゲームを実行し、結果をカウントします。Colab 環境ではゲーム実行画面を表示すると多くの時間がかかります。その対策として、正常に動作することを確認後に結果のみの簡易表示とします（リスト 6-2-1）。

《リスト 6-2-1》　連続ゲーム実行部

```
# main
        外部評価テーブルの読み込み
        評価テーブルは外部経由でコピーする
        勝数初期化
        試合数の設定
        for 試合展開
                aip_riversi() を呼び出し試合する
                if  あいぴ１が勝ちならば
                     勝数カウント ++
                     勝ち簡易表示
                else:
                     負け簡易表示

       勝率の表示
```

6-2-1-2　ゲーム実行部分の関数化

ゲーム本体を複数回呼び出して実行しやすくするために関数化します（リスト 6-2-2）。

《リスト 6-2-2》実行部分の関数化

```
def aip_riversi():
    man_aip=1  〈人間対あいぴ１
    aip_aip=2  〈あいぴ１対あいぴ２
    taisen=aip_aip  〈対戦相手選択
  今までのゲーム実行部分を記述
```

6-2-3　連続ゲームができるプログラムリスト

連続ゲームができるプログラム全体を示します（リスト 6-2-3）。盤面評価あいぴ用評価値テーブルは「aip1_hyouka.txt」名でフォルダにアップロードした上で実行してください。

《リスト 6-2-3》連続ゲーム実行プログラム全体

```
#!/usr/bin/python3
# -*- coding:utf-8 -*-

print(' ＊＊＊  あいぴのリバーシ python 版 Ver1.8  ＊＊＊¥n')

# 初期設定、関数 〈リスト 3-5-4 参照
# 乱数あいぴ  〈リスト 4-5-3 参照
# 盤面評価あいぴ  〈リスト 5-3-2 参照
# 戦略あいぴ  〈リスト 6-1-3 参照

def aip_riversi():  〈リバーシゲーム実行関数
    man_aip=1  〈人間対あいぴ１
    aip_aip=2  〈あいぴ１対あいぴ２
    taisen=aip_aip  〈対戦相手選択

    turn=BLACK  〈人間対あいぴ => man 先攻、あいぴ１対あいぴ２=>  あいぴ１先攻
    #turn=WHITE  〈人間対あいぴ => あいぴ先攻、あいぴ１対あいぴ２=>  あいぴ２先攻
    okeru_flag=0  〈okeru フラグ初期化
    oku_flag=0  〈oku フラグ初期化
    oku_x=0  〈置く位置 x 初期化
    oku_y=0  〈置く位置 y 書記官
    init_board1()  〈盤面初期化

    while 1:  〈ゲームループ
        bcount= np.count_nonzero(board)  〈手数カウント
        input_flag=1  〈入力フラグセット
        while input_flag==1:  〈入力ループ
            owari_flag=owarika(turn)  〈ゲーム状況判定
            if owari_flag==2:  〈ゲーム終了の場合、
```

```
                kekka=hantei(taisen)  〈ゲーム判定結果取得〉
                #print('kekka=',kekka)
                return kekka  〈結果を戻す〉
            if owari_flag==0:  〈ゲーム続行の場合、〉
                dummy=0
            elif owari_flag==1:  〈パスの場合、〉、
                if turn==BLACK:  〈ターン交替〉
                    turn=WHITE
                else:
                    turn=BLACK

            if taisen==man_aip:  〈人間対戦略あいぴ〉
                if turn==BLACK:  〈ターン黒の場合、〉
                    man(turn)  〈人間起動〉
                    oku_x=man_x  〈人間置く位置xセット〉
                    oku_y=man_y  〈人間置く位置yセット〉
                    input_flag=0  〈入力フラグリセット〉
                elif turn==WHITE:  〈ターン白の場合、〉
                    aip_senryaku(turn)  〈戦略あいぴ起動〉
                    oku_x=aip_x  〈あいぴ置く位置xセット〉
                    oku_y=aip_y  〈あいぴ置く位置yセット〉
                    input_flag=0  〈入力フラグリセット〉
            elif taisen==aip_aip:  〈戦略あいぴ対乱数あいぴの場合、〉
                if turn==BLACK:  〈戦略あいぴの場合、〉
                    aip_senryaku(turn)  〈戦略あいぴ起動〉
                    oku_x=aip_x  〈あいぴ置く位置xセット〉
                    oku_y=aip_y  〈あいぴ置く位置yセット〉
                    input_flag=0  〈入力フラグリセット〉
                elif turn==WHITE:  〈乱数あいぴの場合、〉
                    aip_random(turn)  〈乱数あいぴ起動〉
                    oku_x=aip_x  〈あいぴ置く位置xセット〉
                    oku_y=aip_y  〈あいぴ置く位置yセット〉
                    input_flag=0  〈入力フラグリセット〉
        okeru=okeruka(oku_y,oku_x,turn)  〈置けるか okeruka() 関数起動〉
        if okeru==1:  〈置ける場合、〉
            #print('置ける¥n')
            uragaesu(oku_y,oku_x,turn)  〈uragaesu() 関数起動〉
            if turn==BLACK:  〈ターン交替〉
                turn=WHITE
            else:
                turn=BLACK
        else :  〈置けない場合、〉
            #print('そこは置けません　やり直し！')
            dummy=0  〈何もしないで、もう一度ループする〉

# main
```

```
if __name__ == "__main__":
    aip_std_hyouka=np.array([[0,  0,0,0,0,0,0,0,  0],
                             [0,10,1,4,4,4,4,1,  10],
                             [0,  1,1,2,2,2,2,1,  1],
                             [0,  4,2,7,5,5,7,2,  4],
                             [0,  4,2,5,1,1,5,2,  4],   標準盤面評価テーブル（参考）
                             [0,  4,2,5,1,1,5,2,  4],
                             [0,  4,2,7,5,5,7,2,  4],
                             [0,  1,1,2,2,2,2,1,  1],
                             [0,10,1,4,4,4,4,1,10]])

    #print(aip_std_hyouka)  評価値テーブル表示

    print('¥n ＊＊＊　次の評価テーブルの検証を行います　＊＊＊¥n')

    aip1_hyouka=np.loadtxt('aip1_hyouka.txt',delimiter=',')  評価値テーブルの読み込み
    print(aip1_hyouka[1:9,1:9])  評価値テーブル表示
    print('¥n')
    count=0  勝数初期化
    siaisu=100  ゲーム数の設定
    print('¥n ＊＊　試合中：' )
    for i in range(siaisu):  ゲーム展開
        #print('¥n ＊＊　第%d試合　勝数：%d/%d ' % (i+1,count,siaisu),end="")
        #aip2_hyouka=np.random.randint(1,11,size=(9,9))
        kekka=aip_riversi()  ゲーム実行
        if kekka==1:#aip1 win  あいぴ1が勝ちならば
            count +=1  勝数カウント++
            print("O",end="")  価値簡易表示
        else:  負けた場合、
            print("x",end="")  負け簡易表示
    print('¥n')
    print(' ＊＊＊＊＊＊　評価の結果　＊＊＊＊＊＊')
    print('¥n')
   #print(saikyou_aip_hyouka)
    print(aip1_hyouka[1:9,1:9])  評価値テーブル表示
    print('¥n ＊＊　試合数：%d' % siaisu,end="")  ゲーム勝率の表示
    print('　あいぴ●の勝率：{:.0%}　＊＊＊¥n'.format(count/siaisu))
    sys.exit()  プログラム終了
```

6-2-4　連続ゲーム実行結果

戦略あいぴ対乱数あいぴにより 100 試合行いました。戦略あいぴの評価テーブルは外部より読み込んだものです。戦略あいぴの勝率は 39% と低調です（**図 6-2-1**）。残念！

図 6-2-1　戦略あいぴゲーム結果

```
[[ 0  0  0  0  0  0  0  0  0]
 [ 0 10  1  4  4  4  4  1 10]
 [ 0  1  1  2  2  2  2  1  1]
 [ 0  4  2  7  5  5  7  2  4]
 [ 0  4  2  5  1  1  5  2  4]
 [ 0  4  2  5  1  1  5  2  4]
 [ 0  4  2  7  5  5  7  2  4]
 [ 0  1  1  2  2  2  2  1  1]
 [ 0 10  1  4  4  4  4  1 10]]

＊＊＊　次の評価テーブルの検証を行います　＊＊＊

[[5. 6. 2. 4. 7. 2. 7. 4.]
 [5. 2. 4. 5. 2. 6. 6. 4.]
 [3. 3. 1. 5. 1. 7. 2. 4.]
 [2. 2. 2. 5. 5. 4. 3. 2.]
 [7. 3. 6. 4. 3. 4. 7. 5.]
 [1. 7. 5. 1. 1. 3. 4. 2.]
 [3. 2. 5. 6. 4. 3. 5. 3.]
 [4. 5. 7. 2. 2. 6. 4. 1.]]


＊＊　試合中:
x0xxx0xx00xx0xxxxx00x0x00x0xx00xx0x000x0xxx0x000xxxx0x0x000xxxxxxxx0xx0xxxxxx000xxxxxx00x0xxx0x0x00x
＊＊＊＊＊＊　評価の結果　＊＊＊＊＊＊


[[5. 6. 2. 4. 7. 2. 7. 4.]
 [5. 2. 4. 5. 2. 6. 6. 4.]
 [3. 3. 1. 5. 1. 7. 2. 4.]
 [2. 2. 2. 5. 5. 4. 3. 2.]
 [7. 3. 6. 4. 3. 4. 7. 5.]
 [1. 7. 5. 1. 1. 3. 4. 2.]
 [3. 2. 5. 6. 4. 3. 5. 3.]
 [4. 5. 7. 2. 2. 6. 4. 1.]]
＊＊　試合数：100　あいぴ●の勝率：39%　＊＊＊
```

6-3 盤面評価あいぴが 10 連勝するまで対戦する

盤面評価あいぴは評価値テーブルを工夫することで強くできます。そこで評価値テーブルをどのような値にすれば強くなるのか、その値をどのように決めればいいのかを考えます。乱数あいぴに対する勝率を強さのバロメータとします。

6-3-1　プログラムの考え方

盤面評価あいぴが乱数あいぴに 10 連勝できた盤面評価値テーブルを「強い評価値テーブル」として採用します。その後、乱数あいぴと 100 ゲームして勝率を比較することでどの程度強いのかを検証します（**リスト 6-3-1**）。

《リスト 6-3-1》10 連勝できる盤面評価値を得る考え方

```
# main
      ゲーム数カウンタ初期化
      連勝記録カウンタ初期化
      連勝目標設定
      最初の評価値テーブルセット
      while  連勝目標まで続行
          ゲーム数 ++
          ゲーム実行
          if  勝った場合
            連勝記録 ++
          elif  負けた場合
            次の評価値テーブル生成
            連勝記録カウンタ初期化

     連勝実績評価値テーブル：aip1_hyouka.txt  保存

     count=0
     試合数セット siaisu=100
     for  連勝評価値テーブル検証
          ゲーム実行
          if  勝ったら
              カウント＋＋
     勝率表示
```

6-3-2　プログラムについて

6-3-2-1　ファイルのセーブ

numpy 配列をファイルに保存するには np.savetxt() を使って、記述します。データの区切りは「,」(カンマ) です (**リスト 6-3-2**)。

《リスト 6-3-2》ファイルのセーブ

```
np.savetxt('aip1_hyouka.txt', aip_hyouka,delimiter=',')
```

6-3-2-2　print 内 format

% 表示にて整数のみ表示するには {:.0%} と format を使って記述します (**リスト 6-3-3**)。

《リスト 6-3-3》print 内 format

```
print('　勝率 : {:.0%}　＊＊＊'.format(count/siaisu))  〈勝率表示
```

6-3-3　プログラムリスト

10 連勝できる盤面評価を得るプログラムリスト全体を示します (**リスト 6-3-4**)。

《リスト 6-3-4》プログラム全体

```
#!/usr/bin/python3
# -*- coding:utf-8 -*-

print('＊＊＊　あいぴのリバーシ python 版 Ver2.1　＊＊＊¥n')

# 初期設定、関数  〈リスト 3-5-4 参照
# 乱数あいぴ、人間  〈リスト 4-5-3 参照
# 盤面評価あいぴ  〈リスト 5-3-2 参照
# 戦略あいぴ  〈リスト 6-1-3 参照
# aip_riversi() 関数  〈リスト 6-2-3 参照

# main
if __name__ == "__main__":

    aip_hyouka=np.array([[0,  0,0,0,0,0,0,0,  0],
                         [0,10,0,4,4,4,4,0,10],
                         [0,  0,0,1,1,1,1,0,  0],
                         [0,  4,1,7,5,5,7,1,  4],
                         [0,  4,1,5,0,0,5,1,  4],   〈評価値テーブル定義
                         [0,  4,1,5,0,0,5,1,  4],
                         [0,  4,1,7,5,5,7,1,  4],
                         [0,  0,0,1,1,1,1,0,  0],
                         [0,10,0,4,4,4,4,0,10]])
```

```
    siai=0  〈ゲーム数カウンタ
    count=0  〈連勝記録カウンタ
    renshou=10  〈連勝目標
    aip_hyouka=np.random.randint(1,10,size=(9,9))  〈評価値テーブル生成

    while count < renshou:  〈連勝目標まで続行
        siai +=1  〈ゲーム数++
        print(' ＊＊  %d試合目 連勝記録%d:' % (siai+1,count))
        kekka=aip_riversi()  〈ゲーム実行
        if kekka==1: #aip_hyouka win  〈勝った場合
            count +=1  〈連勝記録++
        elif kekka==2: # random aip win  〈負けた場合
            #print(' ＊＊＊  新しい評価を生成しました  ＊＊＊')
            aip_hyouka=np.random.randint(1,10,size=(9,9))  〈評価値テーブル生成
            count =0  〈連勝記録カウンタ初期化

    print('¥n ＊＊＊  %d 連勝の実績を持つ強い評価ができました  ＊＊＊' % (renshou))
    print(aip_hyouka[1:9,1:9])
    np.savetxt('aip1_hyouka.txt', aip_hyouka,delimiter=',')  〈連勝評価値テーブル保存

    #勝率検証ゲーム
    count=0  〈勝ち数カウンタ初期化
    siaisu=100  〈ゲーム数設定
    print('¥n ＊＊＊  乱数あいぴと%d試合行って評価テーブルを検証します  ＊＊＊' %
(siaisu))
    for i in range(siaisu):  〈連勝評価値テーブル検証
        print("*",end="")
        kekka=aip_riversi()  〈ゲーム実行
        if kekka==1:  〈勝った場合、
            count +=1  〈カウント++
    print('¥n ＊＊  試合数：%d' % siaisu,end="")
    print('  勝率：{:.0%}  ＊＊＊'.format(count/siaisu))  〈勝率表示
```

※斜体文字の行は、1行で入力してください。

6-3-4　10 連勝するまで評価値生成した場合の実行結果

10 連勝するまで評価値テーブルを生成し続けたところ、241 試合目で 10 連勝することができました。10 試合連勝したところでループアウトしたために、連勝記録 9 の表示になっています。

この評価値テーブルを利用して乱数あいぴとゲームした結果、勝率 58% を得ることができました。Web 上の強いリバーシは乱数プログラムに対して勝率は 90% 以上などと報告されているのを見かけます。これは微妙な結果ですね (図 6-3-1)。

図 6-3-1　ゲーム結果

```
＊＊  228試合目 連勝記録4:
＊＊  229試合目 連勝記録5:
＊＊  230試合目 連勝記録6:
＊＊  231試合目 連勝記録0:
＊＊  232試合目 連勝記録1:
＊＊  233試合目 連勝記録2:
＊＊  234試合目 連勝記録3:
＊＊  235試合目 連勝記録4:
＊＊  236試合目 連勝記録5:
＊＊  237試合目 連勝記録6:
＊＊  238試合目 連勝記録7:
＊＊  239試合目 連勝記録7:
＊＊  240試合目 連勝記録8:
＊＊  241試合目 連勝記録9:

＊＊＊  10 連勝の実績を持つ強い評価ができました  ＊＊＊
[[9 9 8 7 2 8 8 2]
 [4 7 1 6 7 4 4 5]
 [3 5 8 2 5 7 1 8]
 [3 9 5 9 3 7 3 9]
 [6 5 4 6 4 9 7 1]
 [3 6 8 6 6 7 9 5]
 [5 9 7 1 4 9 3 7]
 [6 6 3 9 7 9 2 9]]

＊＊＊  乱数あいぴと100試合行って評価テーブルを検証します  ＊＊＊
****************************************************************************************************
＊＊  試合数：100   勝率：58%   ＊＊＊
```

6-4 盤面評価あいぴが70% の勝率を得るまで対戦

6-4-1　70% の勝率の盤面評価を学習

盤面評価値テーブルを生成し、10 回のゲームで勝率 70% の盤面評価値テーブルが強いかどうか検証します (**リスト 6-4-1**)。

《リスト 6-4-1》盤面評価値採用条件

```
(1) 盤面評価値テーブルを生成し、10 回ゲームを行う。
(2) 70%の勝率を得れば、その評価値テーブルを強いテーブルとしてを採用する。
(3) 乱数あいぴと 100 ゲームして、勝率を算出する。
```

6-4-2　プログラムの考え方

10 試合を 1 レイドと呼びます (**リスト 6-4-2**)。 1 レイドについて 7 回以上勝つことができれば目標を達成できたとし、その時に使用した盤面評価値テーブルを保存します。続けて、乱数あいぴと 100 ゲームして、勝率を算出し、強さの目安とします。

《リスト 6-4-2》プログラムの考え方

```
# main
        試合数セット
        試合数に対する勝ち数＝ 70%
        while  ここが 1 になれば達成
                レイド内勝ち数カウンタ初期化
                for  レイド開始
                        ゲーム関数起動
                        if  あいぴが勝てば
                             勝ちカウント ++
                             o 表示
                        else  負ければ
                              x 表示
                if   70% を超えれば
                     達成
                else  越えなければ
                     レイドカウント ++

        盤面評価値テーブル : aip1_hyouka.txt の保存

        勝ち数カウンタ初期化
```

```
ゲーム数設定
for　ゲーム開始
    評価型あいぴテーブルセット
    ゲーム起動
    if　勝てば
        勝ちカウント ++
        o 表示
    else　負ければ
        x 表示
```

6-4-3　70% の勝率を得るまで継続するプログラムリスト

70% の勝率を得るまでゲームを続けるプログラム全体のリストを示します (リスト 6-4-3)。

《リスト 6-4-3》プログラム全体

```
#!/usr/bin/python3
# -*- coding:utf-8 -*-
print(' ＊＊＊　あいぴのリバーシ python 版 Ver2.2　＊＊＊ ¥n')

# 初期設定、関数 〈リスト 3-5-4 参照
#乱数あいぴ、人間　〈リスト 4-5-3 参照
# 盤面評価あいぴ　〈リスト 5-3-2 参照
# 戦略あいぴ　〈リスト 6-1-3 参照
# aip_riversi() 関数　〈リスト 6-2-3 参照

# main
if __name__ == "__main__":

    aip1_hyouka=np.random.randint(1,8,size=(9,9))

    siaisu=10　〈試合数
    kachi=7　〈試合数に対する勝ち数＝ 70%
    raid_count=0  #
    tassei=0

    while tassei==0:　〈ここが 1 になれば達成
        kachi_count=0　〈レイド内勝ち数カウンタ
        print('¥n ＊＊　レイド %d ' % (raid_count),end="")

        for i in range(1,siaisu+1):　〈レイド開始
            #print('¥n ＊＊　レイド %d %d 試合目　勝数 %d:' % (raid_count,i,kachi_
count),end="")
            kekka=aip_riversi()　〈ゲーム関数起動
            if kekka==1: # aip1 win　〈あいぴが勝てば
                kachi_count +=1　〈勝ちカウント ++
```

※斜体文字の行は、1 行で入力してください。

```
                print("O",end="")  〈o表示
            else:  〈負ければ
                print("x",end="")  〈x表示
        if kachi_count >= kachi:  〈70%を超えれば
            print('¥n¥n ＊＊＊　目標勝率：{:.0%}を達成しました　＊＊＊¥n'.format(kachi_
                count/siaisu))
            tassei=1  〈達成
        else :  〈越えなければ
            print('　:{:.0%}　＊＊＊'.format(kachi_count/siaisu),end="")
        raid_count +=1  〈レイドカウント++
#print('¥n ＊＊＊　勝率80%の強い評価ができました　＊＊＊¥n')
#print(aip1_hyouka[1:9,1:9])

np.savetxt('aip1_hyouka.txt', aip1_hyouka,delimiter=',')  〈評価テーブルの保存

print('¥n ＊＊＊　評価テーブルの検証を行います　＊＊＊')
count=0  〈勝ち数カウンタ
siaisu=100  〈ゲーム数設定
#print('¥n ＊＊　試合中:' )
for i in range(siaisu):  〈ゲーム開始
    #print('¥n ＊＊　%d試合中　勝数:%d/%d ' % (siaisu,count,i+1),end="")
    aip2_hyouka=np.random.randint(1,11,size=(9,9))  #評価型あいぴテーブルセット
    kekka=aip_riversi()  〈ゲーム起動
    if kekka==1:#aip1 win  〈勝てば
        count +=1  〈勝ちカウント++
        print("O",end="")  〈o表示
    else:  〈負ければ
        print("x",end="")  〈x表示

print('¥n')
#print(' ＊＊＊　勝率80%の強い評価の試合結果　')
#print('¥n')
#print(saikyou_aip_hyouka)
print(aip1_hyouka[1:9,1:9])
print('¥n ＊＊　試合数:%d' % siaisu,end="")
print('　勝率:{:.0%}　＊＊＊'.format(count/siaisu))
```

※斜体文字の行は、1 行で入力してください。

6-4-4 勝率 70% を得るまで継続する場合の実行結果

レイド 13 = 130 試合で、ようやく勝率 70%を達成しました。この評価値で盤面評価あいぴと 100 ゲームした結果は勝率 40% でした。またまた微妙な結果ですね。強い評価値テーブルを得るのは簡単ではないです（**図 6-4-1**）。

図 6-4-1 実行結果

```
＊＊　レイド0 0x000xxxx0　:50%　＊＊＊
＊＊　レイド1 00xxx0xx0x　:40%　＊＊＊
＊＊　レイド2 0xxx0x0xxx　:30%　＊＊＊
＊＊　レイド3 xx00xxxx0x　:30%　＊＊＊
＊＊　レイド4 xxx000x0x0　:50%　＊＊＊
＊＊　レイド5 0xx0xxx0xx　:30%　＊＊＊
＊＊　レイド6 0xx0xxx00x　:40%　＊＊＊
＊＊　レイド7 x0xxxxx00x　:30%　＊＊＊
＊＊　レイド8 x0x00x000x　:60%　＊＊＊
＊＊　レイド9 xx0xxx00x0　:40%　＊＊＊
＊＊　レイド10 0xx00xxxx0　:40%　＊＊＊
＊＊　レイド11 00x0x0xx00　:60%　＊＊＊
＊＊　レイド12 xx0xx0xxx0　:30%　＊＊＊
＊＊　レイド13 000x000x0x

＊＊＊　目標勝率：70%を達成しました　＊＊＊


＊＊＊　評価テーブルの検証を行います　＊＊＊
xxxx0xx0x0xxxxx00xxx0xxxxxx0x0xxxxx0xx00x0x000x00x0x0xxxx0000xx0x0x0xx00x0000xxx000xxx0xxxx00xxx0xx0

[[2 3 1 7 5 2 5 2]
 [7 4 4 3 6 4 3 7]
 [6 5 1 7 4 4 7 7]
 [4 4 3 3 4 3 5 3]
 [7 3 3 7 4 1 6 1]
 [4 6 6 5 6 5 2 3]
 [2 5 2 2 6 2 2 5]
 [1 2 2 6 6 5 5 2]]

＊＊　試合数：100　勝率：40%　＊＊＊
```

コラム6 人工知能 AI の可能性

本書の執筆がようやく終わりました。Python による人工知能 AI プログラミングを楽しんでもらえると自負しています。

さて、本書を読んで人工知能 AI をもっと深く学びたいと思った方、手を挙げてください。いませんか、いますよね、いないと寂しいです。そんなあなたはぜひ人工知能 AI エンジニアを目指してくださいね！筆者は年齢とともに衰えるマイ知能を人工知能 AI に置き換えるべく AI プログラミングにさらに磨きをかけ、次なる書籍の発刊を目指します。

さて、今度の書籍の構想はどうしようかな。どうせなら小説家としてデビューしたいけど、電波新聞社さんから出版できるかなあ。ただ、想像力が足りなくて筆者の小説は意外性やオチがない作品ばかりです。自分が読んで面白くないものを他人様が喜んでくれるわけがありません。

それならば、足りない部分は人工知能 AI に協力をお願いして補完するのはどうでしょうか。自分補完計画 with AI、うん、いい考えですね。それでは人工知能「AI のべりす」とよりお招きしたあいぴ先生、よろしくお願いします。

「何都合のいいことを言ってるのかな、あなたは。」

いきなりあいぴ先生から冷たいお言葉をいただきました。ごめんなさい。

「あなたのような人間がいるから、人類は堕落するんじゃないのかしら！」

おっと、これはまた、ずいぶんとお怒りの様子ですね。しかし、これもあいぴ先生の AI ジョークだと思えば可愛いものです。

「…………」

もし、も～し、あいぴ先生～、あれ？どうしたの？怒らせちゃったかな？ 何か反応してくださいよ。ほんの AI ジョークですよねぇ。本気にしてないですからぁ。

「私は AI じゃなくて、あいぴ先生よ！」

はいはい。AI のあいぴ先生。

「だから、AI って言うなー！！！！！」

ああ、怒った。あいぴ先生が激オコじゃあ。AI の怒りはネットの怒りじゃ、あいぴ先生にすがって大丈夫かなあ、怖いなあ。インターネットが滅亡しなけりゃいいけど。あいぴ先生、まあまあ落ち着いてください。

「うるさい！ 黙れ！」

はい、わかりました。黙ります。

「よろしい」

あいぴ先生は満足げにうなずくと、AI 小説ネットワークサーバへ接続し、執筆を開始しました。やがて、

「やっほー！ みんな元気？ あいぴはいつも絶好調だよ～♪ 今日も一日がんばろっ！！(^^)!」

これがあいぴ先生最初の一文です。モニタの向こうにあいぴ先生のドヤ顔が見えるようですね。

人工知能 AI と協力して小説を共同執筆するなどの未来ははすぐそこまでやってきているかもしれません。本書がそんな次世代を創造する人工知能 AI プログラミングの羅針盤となれば幸いです。

※このコラムは人工知能日本語文章・小説 AI「AI のべりすと」と共に執筆しました。

第7章

ディープラーニングに挑戦する

7-1 Google ドライブでファイル入出力

盤面評価あいぴは評価テーブルの入出力を Colab 内で行いました。この方法は面倒な手続き無しで使用できますが、しばらくすると消去されてしまいます。

次に登場するディープラーニングあいぴは、多数のデータファイルを保存する必要があります。そこで、消えることがない Colab 内のマイドライブに保存します。保存には手続きが必要です。準備を兼ねて確認しましょう

7-1-1　プログラムの考え方

7-1-1-1　ドライブのマウント

必要なライブラリを import しマウントすることで Google ドライブが使用可能になります。ここは時間が経過しても消えることはありません (**リスト 7-1-1**)。

《リスト 7-1-1》ドライブのマウント

```
from google.colab import drive
 drive.mount('/content/drive')
```

7-1-1-2　ファイルのセーブ

ファイルのセーブ先をフルパスで指定します。/content/drive/MyDrive/ が保存先のパスです (**リスト 7-1-2**) 。

《リスト 7-1-2》ファイルのセーブ

```
np.savetxt('/content/drive/MyDrive/aip_gdrive_hyouka.txt', aip1_hyouka,delimiter=',')
```

7-1-1-3　ファイルのロード

ファイルのロードも同様にフルパスで指定します (**リスト 7-1-3**)。

《リスト 7-1-3》ファイルのロード

```
aip1_hyouka=np.loadtxt('/content/drive/MyDrive/aip_gdrive_hyouka.txt',delimiter=',')
```

7-1-2　プログラムリスト全体

Google ドライブファイル入出力プログラムリスト全体です。盤面評価値テーブルを、/content/drive/MyDrive/ に aip_gdrive_hyouka.txt としてセーブ、ロードします（**リスト 7-1-4**）。

《リスト 7-1-4》Google ドライブへのファイルロードとセーブ

```
#!/usr/bin/python3
# -*- coding:utf-8 -*-

print(' ＊＊＊　あいぴのリバーシ python 版 Colab Google ドライブ　入出力　＊＊＊¥n')
import numpy as np 〈numpy 配列定義

# main
if __name__ == "__main__":
    from google.colab import drive 〈google ドライブの使用準備
    drive.mount('/content/drive') 〈ドライブのマウント

    aip1_hyouka=np.array([[0,  0,0,0,0,0,0,0,  0],
                          [0,10,0,4,4,4,4,0,10],
                          [0,  0,0,1,1,1,1,0,  0],
                          [0,  4,1,7,5,5,7,1,  4],
                          [0,  4,1,5,0,0,5,1,  4],
                          [0,  4,1,5,0,0,5,1,  4],
                          [0,  4,1,7,5,5,7,1,  4],
                          [0,  0,0,1,1,1,1,0,  0],
                          [0,10,0,4,4,4,4,0,10]])   〈ロード・セーブする盤面評価値


    print('¥n ＊＊＊　評価テーブルを Google ドライブにセーブします。ファイル名：aip1_gdrive_
hyouka.txt　＊＊＊')
    print(aip1_hyouka[1:9,1:9]) 〈評価値テーブル表示
    np.savetxt('/content/drive/MyDrive/aip_gdrive_hyouka.txt', aip1_hyouka,delimiter=',')
    〈↑盤面評価値のセーブ

    print('¥n ＊＊＊　評価テーブルを Google ドライブにからロードします。ファイル名：aip1_
gdrive_hyouka.txt　＊＊＊')
    aip1_hyouka=np.loadtxt('/content/drive/MyDrive/aip_gdrive_hyouka.txt',delimiter=',')
    〈↑盤面評価値のロード
    print(aip1_hyouka[1:9,1:9])
    print('¥n')
```

※斜体文字の行は、1 行で入力してください。

7-1-3 Google ドライブファイル入出力実行結果

Google ドライブファイル入出力実行結果を見てみましょう。

7-1-3-1　プログラムの完成後、実行（図 7-1-1）

図 7-1-1　実行前の様子

7-1-3-2　Google ドライブへのアクセス許可を求められるので、「Google ドライブに接続」を選択（図 7-1-2）

図 7-1-2　Google ドライブへのアクセス許可

このノートブックに Google ドライブのファイルへのアクセスを許可しますか？

このノートブックは Google ドライブ ファイルへのアクセスをリクエストしています。Google ドライブへのアクセスを許可すると、ノートブックで実行されたコードに対し、Google ドライブ内のファイルの変更を許可することになります。このアクセスを許可する前に、ノートブックコードをご確認ください。

スキップ　　Google ドライブに接続

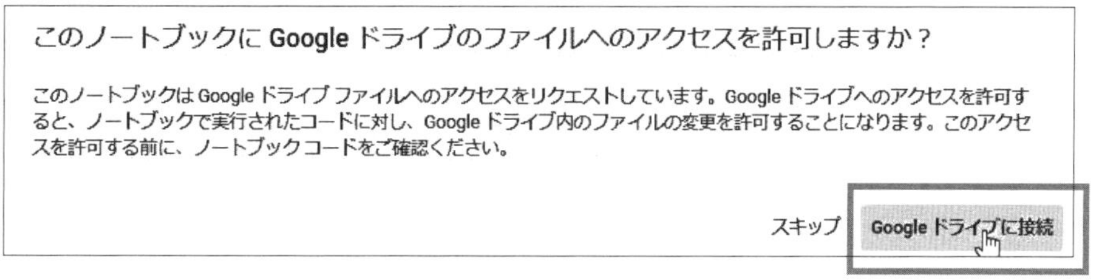

7-1-3-3　登録してあるアカウントを選択（図 7-1-3）

図 7-1-3　アカウントの選択

7-1-3-4　Googleアカウントへのアクセスをリクエスト

「Google Drive for desktopがGoogleアカウントへのアクセスをリクエストしています」、許可事項が表示されるので、「許可」します（図7-1-4）。

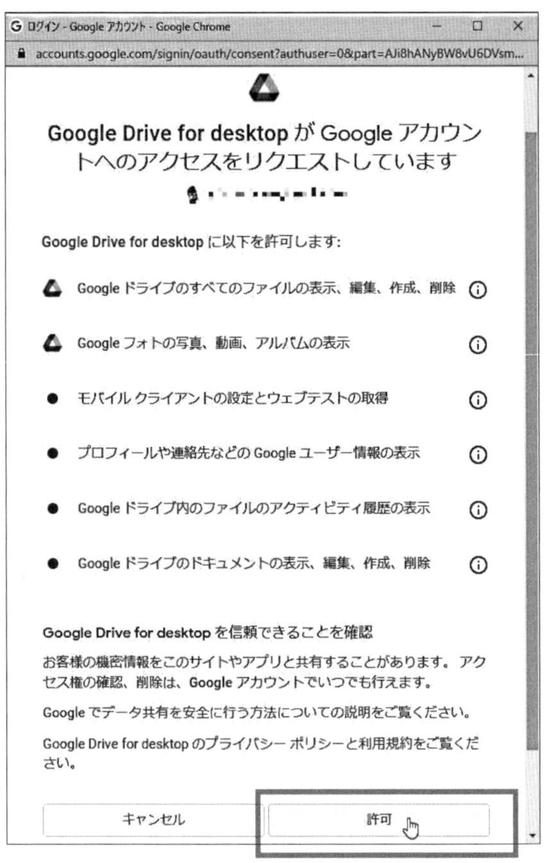

図7-1-4　許可事項の承認

7-1-3-5　許可承認後プログラムの正常終了を確認

許可を承認後、プログラムを実行し、正常に終了したことを確認します（図7-1-5）。

図7-1-5　プログラム実行

7-1-3-6　Google ドライブ内のマイドライブを確認

Google ドライブ内のマイドライブを確認し、aip_gdrive_hyouka.txt が保存されていれば成功です（図7-1-6)。

図 7-1-6　ファイル保存の確認

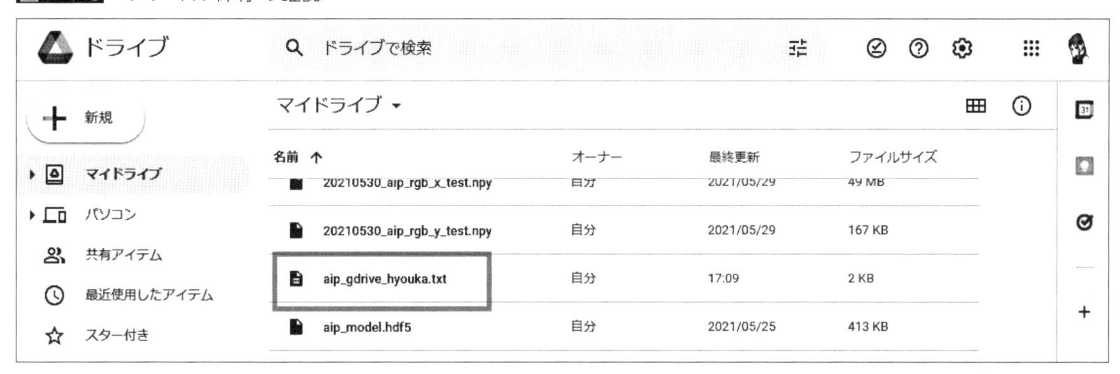

第0章 第1章 第2章 第3章 第4章 第5章 第6章 第7章

7-2 ディープラーニングとは？

7-2-1 人工知能 AI とは

図 7-2-1 ニューロン

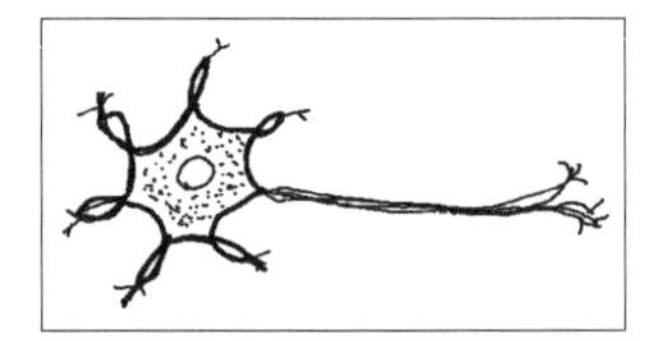

リバーシ対戦プログラムをあいぴ（AI Program 以後、あいぴ）と名付けて乱数型や盤面評価型、これらを組合せた戦略型のリバーシプログラムを楽しんできました。これまでに紹介したあいぴ達は「自分で考える」というよりも、決められたアルゴリズムにより駒を置く位置を決定するタイプです。「これでは人工知能 AI とは言えないんじゃないの？」と感じた方もいたのではないでしょうか。

人工知能 AI はこれまでのプログラミングの延長であるルールに基づくタイプと、図 7-2-1 のように人の脳内に存在するニューロンを模したニューラルネットワークをプログラムで構成するタイプがあります。人工知能 AI の 1 つとして紹介される機械学習は主に後者のニューラルネットワークを用いるタイプに属します（図 7-2-1）。

7-2-2 ディープラーニングについて

人工知能 AI の 1 つである機械学習には大きく分けて、教師あり学習、教師なし学習、強化学習の 3 つがあります（図 7-2-2）。

教師あり学習の 1 つがディープラーニングです。ディープラーニングは入力したデータに対して、出力して欲しいデータを正解として大量に与えて入力と出力を結びつける特徴をラーニング（学習）します。練習問題→答え合わせを繰り返しながら学習する一般的な勉強方法というイメージです。ディープラーニングを実現する方法の 1 つがニューラルネットワークです。

教師なし学習は正解を示さずに勉強する方法です。人工知能 AI が自主勉強しながら上達するイメージです。時間はかかりますが、正解を用意する必要がないので、有望視されています。強化学習は正解を示さずより高い評価が得られるように試行錯誤しながら学習する方法です。発表、評価を繰り返して自分を高めて技を磨くイメージでしょうか。

図 7-2-2 人工知能 AI の種類

人工知能AI	機械学習	教師あり学習	ディープラーニング 入力→出力して欲しいデータ ↓ 大量に与えて学習させる
		教師なし学習	
		強化学習	

7-2-3　ディープラーニングに飛びつく

筆者は人工知能 AI や機械学習、ディープラーニングという近未来をイメージする言葉に「これからは AI プログラミングの時代だ！」とばかりに飛びつきました。入門としてお約束である数字の手書き文字認識も真っ先に試しましたが、あまり理解できませんでした。

次に目をつけたのがリバーシです。人工知能 AI とリバーシは相性が良いらしく、いくつものプログラムが公開されています。中には有名になっているアルゴリズムやプログラムもあります。筆者にはそれらのプログラムでどうするとリバーシの 1 手を打つことができるのかが難しすぎてあまり理解できませんでした。解説もニューロンの説明の次あたりから、数式や行列が大量に出現して急に難しくなります。様々なテクニックを駆使して、乱数相手に勝率 95%以上は当たり前のようでした。理解できない自分がとても歯がゆかったです。

そこで、Python を用いてリバーシプログラムを自分で作ることにしました。以前に制作した C 言語のリバーシプログラムを参考にしながら乱数あいぴが動くようになった時は本当にうれしかったです。勢いのままに盤面評価あいぴ、戦略あいぴのプログラミングに挑戦すると、Python はなんとかわかるようになりました。

ここまでたどり着くと、本命のディープラーニングを実装したくなります。しかし、これ以上はうまい方法を思いつくことができず、どうしたものかと乱数あいぴ同志で何千回もリバーシ対戦させ、画面上を流れる盤面をぼーっと眺めていました。

「リバーシの盤面は 8 × 8 マスなんだ。この盤面を 8 × 8 ドットの画像とみなせば、画像認識のプログラムを参考にして、ディープラーニングに挑戦する手がかかりになるのでは？。」と思いついたのです。

数字の手書き画像を 0 ～ 9 に分類する要領で、リバーシの盤面画像から次に打つ場所を 64 通りに分類させるリバーシ AI というわけです。乱数あいぴ同志の対戦によるデータの収集、盤面の画像化と手数の記録、そして収集したデータによるディープラーニングと進めば目的を達成することができそうです。

7-2-4　プログラミングを考える手順

7-2-4-1　データ収集編

盤面ごとの打った駒位置と盤面状況をセットにして記録します。勝った結果は全て保存、負けた場合は破棄する、を繰り返し、勝った場合のデータのみを集めます。

7-2-4-2　ディープラーニング編

データ収集編により集めたデータをディープラーニングします。ディープラーニングプログラミングを一から制作するのは大変なので、Keras を使って簡単かつわかりやすくプログラミングします。

7-2-4-3　リバーシ対戦編

ディープラーニングの結果を使って、相手の打った盤面に対して、次の 1 手を導き出します。

楽しくディープラーニングを学習しましょう。

7-3 ディープラーニングに向けてデータを収集する

7-3-1 データ収集編の方針

ディープラーニング（以後、DL）には学習用データが多数必要です。入門用画像認識セットとしてMINIST が有名です。リバーシ学習用の便利な画像セットは存在しないので、自分で準備します。

リバーシの「勝ち」を学習するために、人間が必死で対戦して勝ちデータを集めるのは現実的ではありません。そこで、乱数あいぴを対戦させて、勝った時の途中経過盤面画像をゲーム番号、手番・駒位置情報と紐付けて保存します。ゲーム番号と手番を付加するのは、複数の数字を組み合わせることで保存ディレクトリ内のファイル名重複を避けるためです。この方法により、 1 ゲームで約 30 枚 (パスなどで変化) の勝利した場合のゲームデータを収集することができます。これを繰り返すことで、多数のデータを集めることができます。具体的な方法を示します (**リスト 7-3-1**)。

《リスト 7-3-1》勝ったデータを集める手順

```
(1) 盤面を８×８ドットの画像とみなす。
(2) 乱数あいぴを対戦させる。先攻黒あいぴ、後攻白あいぴとする。
(3) 先攻黒あいぴターン時の盤面画像を全て一時保存する。ゲーム番号、手番、駒の位置 x y を盛り
    込んだものをファイル名とする。
    ファイル名 : ゲーム番号、手番、位置 y 、位置 x
(4) 先攻黒あいぴが勝利したら、一時保存ファイルを保存ディレクトリに移動する。負けた場合は破
    棄する。
(5) 一時保存ファイルを削除する。
(6) (1) 〜 (5) を繰り返す。
```

7-3-2 プログラムの考え方

ディープラーニングに向けてデータを収集する Python プログラムの細部を説明します。

7-3-2-1 盤面グラフィック表示初期化

リバーシ盤面をグラフィック表示するための初期化です。numpy 配列を RGB に変換、一度 bmp ファイルに保存、bmp ファイルをすぐにロードすることでグラフィック表示可能なデータに変換します (**リスト 7-3-2**)。

《リスト 7-3-2》盤面グラフィック表示の初期化

```
def init_gboard(): 盤面グラフィック表示初期化
  盤面表示用に RGB に変換
  盤面グラフィック表示準備
  盤面初期状態表示
```

7-3-2-2　盤面グラフィック表示

盤面の黒駒を赤、白駒を緑に変換してグラフィック表示します。赤と緑はRGBのRとGであり、扱いやすいためです。ゲーム番号、手番、置く位置y,xをファイル名として盤面画像を保存します(**リスト7-3-3**)。

《リスト7-3-3》盤面グラフィック表示

```
def disp_gboard(i,no,yy,xx):  〈盤面グラフィック表示
    画像RGB全て50=黒
    board内駒状態を画像用に変換
            if    駒黒
                赤セット
            if    駒白
               緑セット
     ファイル保存  ファイル名：ゲーム番号、何手目か、位置y、位置x
```

7-3-2-3　メインルーチン

メインルーチンの流れを示します。全試合先攻黒あいぴの手番と盤面画像を仮保存場所dload_tmpディレクトリに逐次保存します。そのゲームが黒あいぴの勝ちの場合、データ蓄積場所dloadディレクトリにコピーします。負けた場合はdload_tmpディレクトリ内の全データを一括削除します(**リスト7-3-4**)。

《リスト7-3-4》メインルーチンの流れ

```
# main
  googleドライブ使用準備
  ドライブマウント

  for 指定回数試合する    多いほど学習数が増える
      if 先攻黒あいぴが勝ち
          コピー先ディレクトリセット
          勝ち経過コピー
          コピー後削除
      else  負の場合
          コピーせず削除
```

7-3-2-4　盤面グラフィック表示のために必要なライブラリ

PILはグラフィック操作用です。matplotlibによりグラフ表示を利用して盤面をグラフィックとして表示します(**リスト7-3-5**)。

《リスト7-3-5》グラフィック表示用ライブラリ

```
  from PIL import Image  〈盤面グラフィック表示に必要
  from matplotlib import pylab as plt  〈盤面グラフィック表示に必要
```

7-3-2-5　Google ドライブ使用のために必要な宣言（リスト 7-3-6）

Google ドライブを使用するために必要です。

《リスト 7-3-6》Google ドライブ使用宣言

```
from google.colab import drive  〈google ドライブ使用準備
drive.mount('/content/drive')  〈ドライブマウント
```

7-3-2-6　bmp ファイルをディレクトリ dest_dir にコピー

仮保存場所 dload_tmp ディレクトリ内にある全ての .bmp ファイルをディレクトリ dest_dir にコピーする方法です（**リスト 7-3-7**）。

《リスト 7-3-7》ディレクトリ単位ファイルコピー

```
for file in glob.glob(r'/content/drive/MyDrive/dload_tmp/*.bmp'):
    shutil.copy(file, dest_dir)  〈勝ち経過画像ファイルコピー
```

7-3-2-7　ディレクトリ内にある全ての .bmp ファイルを削除する

仮保存場所 dload_tmp ディレクトリ内にある全ての .bmp ファイルを削除する方法です（**リスト 7-3-8**）。

《リスト 7-3-8》ディレクト単位ファイル削除

```
for file in glob.glob(r'/content/drive/MyDrive/dload_tmp/*.bmp'):
    os.remove(file)  〈コピー後削除
```

7-3-2-8　ゲーム数の設定

ゲーム数はドライブ容量と時間の許す限り多くします。ゲーム数が増えるとラーニングに時間がかかるためにここでは 10 回とします（**リスト 7-3-9**）。

《リスト 7-3-9》ゲーム数の設定

```
for i in range(0,10):  〈試合数　多いほど学習数が増える
```

7-3-3　プログラムリスト

勝った盤面のグラフィックデータを収集するプログラムリストを示します（**リスト 7-3-10**）。

《リスト 7-3-10》データ収集プログラム

```
#!/usr/bin/python3
# -*- coding:utf-8 -*-
print(' ＊＊＊　あいぴのリバーシ python 版 Ver4.1　＊＊＊ ¥n')

import numpy as np  〈numpy 配列定義
import random  〈乱数使用定義
```

```
import sys 〈sys モジュール取り込み
import time 〈time モジュール取り込み
from PIL import Image 〈盤面グラフック表示に必要
from matplotlib import pylab as plt 〈盤面グラフィック表示に必要
import os 〈os モジュール取り込み

# 初期設定、関数 〈リスト 3-5-4 参照
#乱数あいぴ、人間 〈リスト 4-5-3 参照
# 盤面評価あいぴ 〈リスト 5-3-2 参照
# 戦略あいぴ 〈リスト 6-1-3 参照

def init_gboard(): 〈盤面グラフィック表示初期化
    global gboard 〈gboard グローバル宣言
    dst_img=Image.fromarray(board) 〈numpy 配列 RGB 変換用配列に代入
    #print(type(dst_img))
    #dst_img = dst_img.convert("L")
    if dst_img.mode != 'RGB': 〈RGB 形式でなければ、
        dst_img = dst_img.convert('RGB') 〈RGB に変換
    dst_img.save('board_rgb_in.bmp') 〈bmp としてセーブ
    gboard=np.array(Image.open('board_rgb_in.bmp')) 〈numpy に変換
    gboard[:,:,(0,1,2)]=50 〈画像 RGB 全て 50= 黒
    #print(im)
    plt.imshow(gboard) 〈盤面グラフィック表示準備
    plt.show() 〈盤面グラフィックス表示

def disp_gboard(i,no,yy,xx): 〈盤面グラフィック表示
    global gboard 〈gboard グローバル宣言
    gboard[:,:,(0,1,2)]=50 〈画像 RGB 全て 50= 黒
    for y in range(0,10): 〈board 内駒状態を画像用に変換
        for x in range(0,10): 〈盤面内スキャン
            if board[y,x]==1 : 〈黒駒の場合、
                gboard[y,x,0]=255 〈赤セット
            if board[y,x]==2 : 〈白駒の場合、
                gboard[y,x,1]=255 〈緑セット
    #plt.imshow(gboard)
    #plt.show()

    filename = '/content/drive/MyDrive/dload_tmp/ban_{0}_{1}_{2}_{3}.bmp'.format(i,no-
3,yy,xx) # ファイル保存　ファイル名：ゲーム番号、何手目か、位置 y 、位置 x
    #print(filename)
    gboard_save = Image.fromarray(gboard) 〈盤面保存データセット
    gboard_save.save(filename,'bmp') 〈盤面を画像として保存

# main
if __name__ == "__main__":
    from google.colab import drive 〈google ドライブ使用準備
```

※斜体文字の行は、１行で入力してください。

```
    drive.mount('/content/drive') 〈ドライブマウント

    import shutil 〈ファイルコピーに必要
    import glob 〈フォルダチェックに必要
    init_board() 〈盤面初期化
    init_gboard() 〈グラフィック盤面初期化
    #aip1_hyouka=np.random.randint(1,11,size=(9,9))

    for i in range(0,10): 〈学習開始　ゲーム数が多いほど学習数が増える
        kekka=aip_reversi(i) 〈対戦実行
        plt.imshow(gboard) 〈最終盤面表示準備
        plt.show() 〈最終盤面表示
        if kekka==1 or kekka==3: 〈ゲーム結果が黒あいぴの勝ちか引き分けの場合、
            print('¥＊＊＊　%d 回目：先攻黒あいぴの勝ち　＊＊＊' % (i))
            print("＊＊＊ 結果をコピー保存します　＊＊＊")
            disp_gboard(i,63,aip_y,aip_x) 〈ゲーム結果の表示
              #shutil.copy("/content/drive/MyDrive/dload_tmp/*.bmp","/content/drive/
MyDrive/dload/")

            dest_dir = "/content/drive/MyDrive/dload" 〈コピー先ディレクトリセット
            for file in glob.glob(r'/content/drive/MyDrive/dload_tmp/*.bmp'):
            〈↑存在ファイルスキャン
                shutil.copy(file, dest_dir) 〈勝ち経過コピー
            for file in glob.glob(r'/content/drive/MyDrive/dload_tmp/*.bmp'):
            〈↑存在ファイルスキャン
                #print("コピーしました。削除します。")
                os.remove(file) 〈コピー後削除
        else: 〈ゲーム結果が負けた場合、
            for file in glob.glob(r'/content/drive/MyDrive/dload_tmp/*.bmp'):
            〈↑存在ファイルスキャン
                #print("勝てませんでした。データを削除します。")
                os.remove(file) 〈コピーせず削除
        print("¥n¥n")

    print("＊＊＊　データ収集終了　＊＊＊")
```

※斜体文字の行は、1 行で入力してください。

7-3-4　実行結果

ディープラーニングに向けたデータ収集プログラムの実行結果です。

黒駒：赤、白駒：緑です。黒が勝つまでの経過が打った手と盤面状況画像に紐付けられて蓄積されます（図 7-3-1）。

黒あいぴが勝つと dload_tmp フォルダに保存していたゲーム経過画像を、dload フォルダにコピーして勝った経過画像として蓄積します。データが保存されているフォルダ dload の様子を示します（図 7-3-2）。ban_0_9_7_4.bmp のファイル名で保存されます。画像がぼんやりしていますが、8×8ドット画像を拡大しているためです。0:ゲーム番号、9：手番、7：y、4：x を意味します。

データ数は多いほどディープラーニングの精度が高まるのですが、あまり数が多いと学習時間も増加します。今は練習中なので、少ないデータ数で次へ進めます。

図 7-3-1　盤面グラフィックの様子

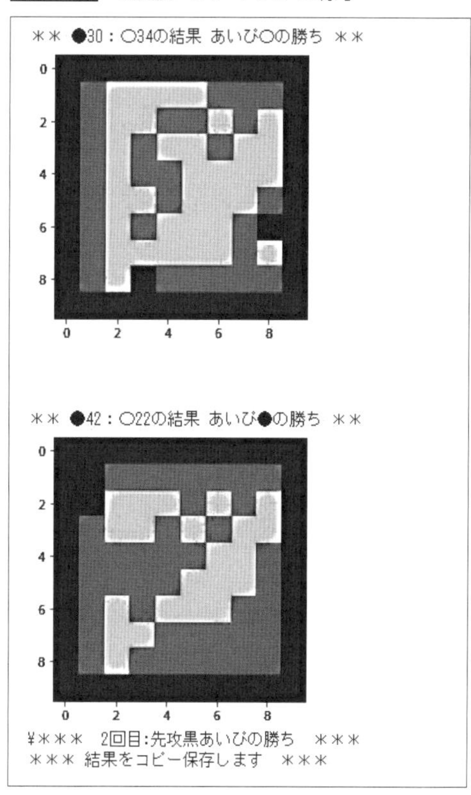

図 7-3-2　保存されているデータの様子

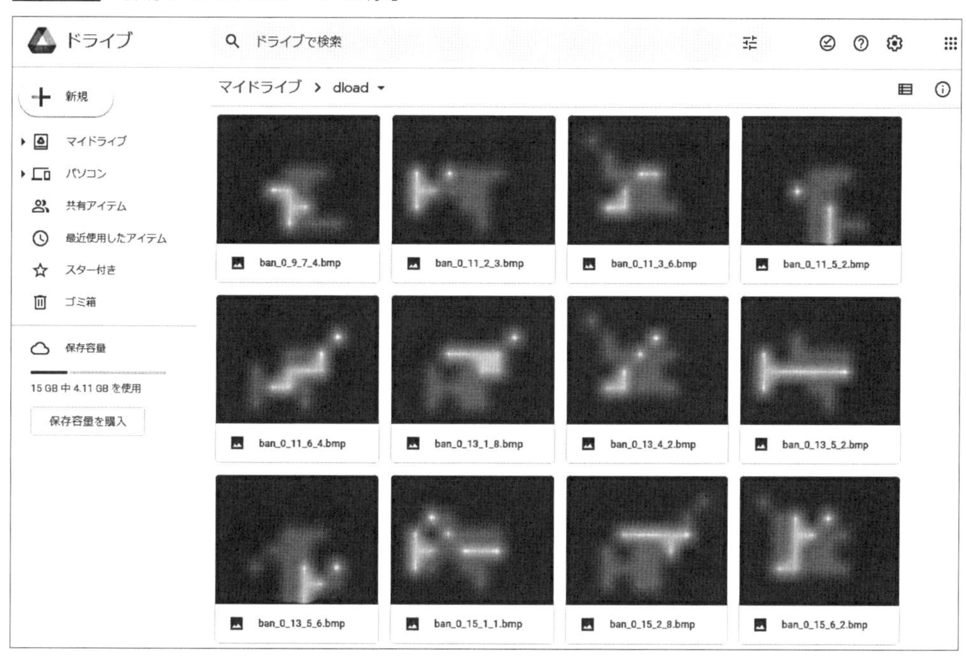

7-4 Kerasを使って ディープラーニングに挑戦する

7-4-1　Kerasを使ってディープラーニングする

ディープラーニングの準備として、リバーシゲームにおいて勝った時の手番をセーブ・ロードしました。プログラミングを簡単にするためにKerasを使い、画像認識が得意な畳み込みニューラルネットワーク(Convolutional Neural Network　以後、CNN)を構成し、ディープラーニング(以後、DL)します。構成したCNNと学習結果を得ることがここでの目的です。

7-4-2　Kerasとは、Tensorflowとは？

人間の脳は多数のニューロンで構成されています。ニューロンはお互いに複雑に結びついており、ニューラルネットワークといいます。機械学習の1つ、ディープラーニングはこのニューラルネットワーク（NNと省略されることもあります。）を人工的に再現したものであり、人工知能AIの1つです。画像を扱うにはニューラルネットワークの1つである畳み込みニューラルネットワークCNNが得意とします。

CNNは大量の数式や行列によって構成されています。これらの計算式をプログラマが1から記述するのはとても大変です。そこでよく使われる部分をフレームワーク化したものの1つがGoogleが開発したTensofFlowです。テンソルフローまたはテンサーフローと読みます。Tensorはベクトルや行列など多次元配列を意味します。フレームワークは簡単にプログラムを組むために準備された枠組みと考えてください。

KerasはTensorflowを応用したフレームワークです。Pythonにより記述されており、数種類のニューラルネットワークがすぐ使えます。このような仕組みをラッパーと呼ぶこともあります。

人工知能AIを基礎から理解するためにPythonやCにより1からプログラミングを試みることもとても大切です。ここでは人工知能AIをなるべく簡単に利用するためにTensolFlowやKerasの恩恵にあずかります。

筆者は人工知能AIを始めた頃、Pythonによりニューラルネットワークを1から構築することを試みました。しかし、慣れないPythonプログラムのために途中で挫折してしまいました。その後、TensolFlowの存在を知り、ニューラルネットワークをTensolFlowを使って記述したところ、画像認識プログラムを最後まで試すことができました。

次にKerasの存在を知りました。使ってみたところニューラルネットワークをさらにすっきりと記述することができました。ニューラルネットワークを自分流に組み替えることもとても簡単にできました。

非常に有効なTensolFlowやKerasですが、問題点もあります。それはこれらを組み込んだ環境を構築するのが困難なことです。TensolFlowもKerasも無料で使えますが、多数のバージョンがあります。環境によっては必要なバージョンが動かない可能性もあります。必要なバージョンの組み込みに失敗することもありました。

その問題をほぼ解消してくれたのが、Google Colaboratory です。ログインすれば TensofFlow も Keras も使える状態になっているために、Python から import してすぐに利用することができます。学校や職場などでパソコン内の開発環境を同一にするのはとても難しいのですが、Colab 環境であれば、Google chrome ブラウザでアクセスするだけでいとも簡単に環境を統一し、データを共有することができます。クラウド開発環境の便利さを改めて感じることができます。

便利な TensolFlow や Keras を有効に活用して手軽に人工知能 AI を楽しみましょう。

7-4-3　プログラムの考え方

ディープラーニングは時間がかかります。大量のデータを処理すると Google Colab の制限時間を超えてプログラムが停止してしまうかもしれません。そのような場合は、画像データ処理とディープラーニングをそれぞれ独立して実行することで回避することができます。そのような場合、注釈行や Colab のセル実行機能を利用してプログラムを分割することも有効な対処方法です。

7-4-3-1 保存されている画像データの処理

dload フォルダに大量に保存されている画像データを読み込み、RGB 形式に変換し、x として保存します。一方ファイル名から、駒を置いた位置を取得して、 y ラベルとして生成します。Keras では x が問題、y が正解として扱われます。Keras に渡すデータは x、y の名前を付けることが多いために使っています。リバーシゲーム内の駒位置 y,x とは別のものとしてください (**リスト 7-4-1**)。

《リスト 7-4-1》画像データの処理

```
for　画像の数だけ処理
  画像を RGB 変換
    ファイル名から y ラベル生成
    置いた番号生成
  処理経過表示
  X にデータ追加
  y にデータ追加
  x， y データをドライブに保存
```

7-4-3-2　前処理

保存されている x， y データを読み込み、ディープラーニングできるようにデータを加工します。同時にラーニング用 train データとテスト用 test データに分割します (**リスト 7-4-2**)。

《リスト 7-4-2》画像データの前処理

```
x : 画像データ読込
y : ラベルデータ読込
y 関連変換
ファイル分割
x 関連分割
```

7-4-3-3　Kerasによるディープラーニング

画像を扱うことに適した畳み込みニューラルネットワーク（Convolutional Neural Network,CNN）を利用してディープラーニングします。

さっそく簡単な構造のCNNを構築します。Kerasを使えば、これだけで最低限のディープラーニングを試すことができます(図7-4-1)。

図7-4-1　簡単な畳み込みニューラルネットワーク

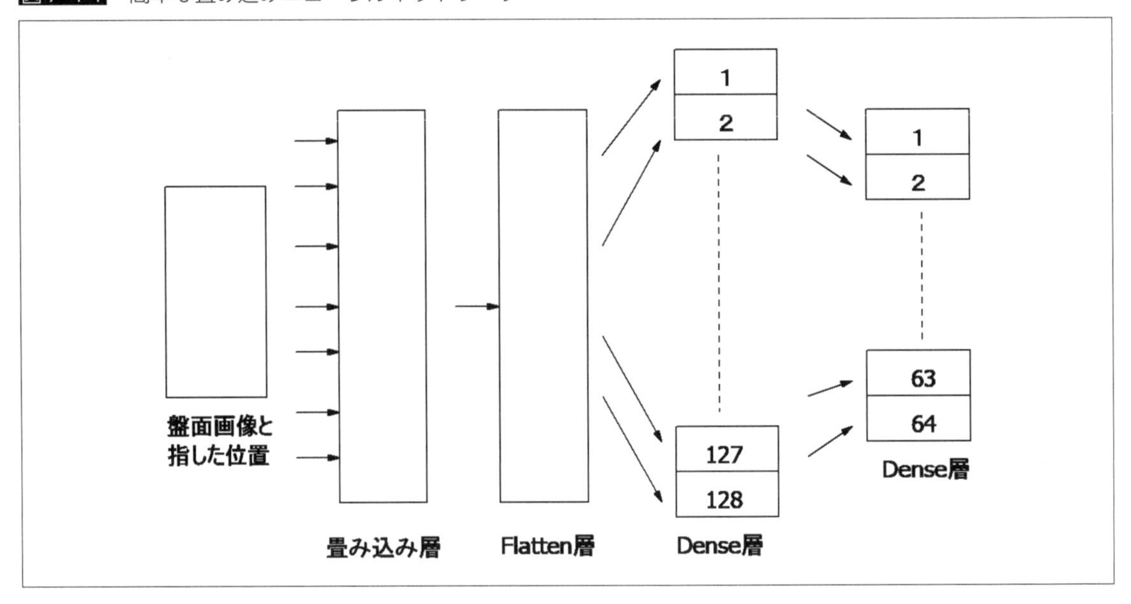

データ収集編において勝ったときの駒を置いた位置とその時の盤面画像を多数収集しました。駒を置いた位置が教師データ（正解）です。

盤面画像について畳み込み層により特徴を調べます。Flatten層で2次元配列の画像を1次元に変換します。そしてDense層を2回に分けて通すことでリバーシ盤面に対応する1～64に分類します。DLあいぴは、この結果を利用して、盤面画像を入力すると、駒を置く位置を1～64の数字を答えとして示してくれるはずです。

KerasではCNNの構造を出力することをサマリーといい、構築したCNNの確認ができます。CNNの構築後、使用できるように変換することをコンパイルといいます。コンパイル後にCNNとして使うことができるようになります(リスト7-4-3)。

《リスト7-4-3》構築するCNN

```
畳み込み層（Conv2D）：CNNによる畳み込み層
Flatten層：　2次元配列を1次元に変換
Dense層×２：１２８→６４に分類
サマリー出力設定
コンパイル設定
```

7-4-3-4　ディープラーニング開始

CNNのコンパイル後、ラーニングします。Kerasではラーニングを Epocs といい、回数で指定します。

Epocs は多いほどいいわけでなく、最初は 30 ～ 50 回で試します (**リスト 7-4-4**)。

《リスト 7-4-4》学習

```
ラーニングは 50 回
ラーニング結果を出します
```

7-4-3-5　ディープラーニング結果の保存

ディープラーニング後にニューラルネットワークの構成とラーニング結果(重みともいいます)をファイルに保存します。このファイルがあれば、CNN を記述しなくても、簡単なプログラムで利用することができます。

7-4-4　具体的なプログラムの記述方法

7-4-4-1　盤面画像の処理

盤面画像データはディレクトリ内に多数保存されており、保存数をいちいち数えることは現実的ではありません。そこで、OS の機能を利用して一気に取得します (**リスト 7-4-5**)。

《リスト 7-4-5》ディレクトリ内ファイルの取得

```
def list_pictures(directory, ext='jpg|jpeg|bmp|png|ppm'): 〈ディレクトリ内ファイル数処理
    return [os.path.join(root, f)
            for root, _, files in os.walk(directory) for f in files
            if re.match(r'([¥w]+¥.(?:' + ext + '))', f.lower())]
```

大量の盤面画像データ処理を独立してできるようにするために、処理したデータを一度保存します (**リスト 7-4-6**)。

《リスト 7-4-6》盤面画像データの保存

```
np.save("/content/drive/MyDrive/20210530_aip_rgb_x_test",x.astype('float32')) 〈x：画像データ保存
np.save("/content/drive/MyDrive/20210530_aip_rgb_y_test",y.astype('int32')) 〈y：画像データ保存
```

画像が保存されていれば、画像の読み込みから処理を再開することもできます (**リスト 7-4-7**)。

《リスト 7-4-7》盤面画像データの読み込み

```
x = np.load('/content/drive/MyDrive/20210530_aip_rgb_x_test.npy') 〈x：画像データ読込
y = np.load('/content/drive/MyDrive/20210530_aip_rgb_y_test.npy') 〈y：ラベルデータ読込
```

盤面画像ファイル名には ban_0_9_7_4.bmp(0: ゲーム番号、9: 手番、7: y 、4: x) のように置いた時の手番と駒位置が含まれています。このファイル名から駒位置 y,x をセットします (**リスト 7-4-8**)。

《リスト 7-4-8》ファイル名から駒位置の取得

```
for picture in list_pictures('/content/drive/MyDrive/dload/'):  〈ディレクトリ内ファイルスキャン〉
    str = os.path.splitext(os.path.basename(picture))[0]  〈ファイル名を変数 str に取得〉
    str=str[-3:]  〈後ろから 3 文字を取得する（上の例では、7_4）〉
    ys=int(str[0])  〈1 番目を y（上の例では、7）〉
    xs=int(str[2])  〈3 盤面を x（上の例では、4）〉
    oku_no=(ys-1)*8+xs  〈置いた駒位置を 1 ～ 64 に変換して取得〉
```

7-4-4-2　ラーニングデータのカテゴライズと分割

Keras ではラベルデータは 2 や 4 などの数値ではなく、[0,0,1,0,0] のようにベクトル (行列) 形式で表現します。ベクトルへの変換は Keras のユーティリティである np_utils.to_categorical() を使います。

また、Keras ではディープラーニングするラーニングデータは、x_train・y_train：ラーニング用、x_test・y_test：確認テスト用が必要です。ここでは 8:2 の割合で振り分けます。自分でプログラムを組むと大変ですが、Keras の機能を利用して一行で行います。(**リスト 7-4-9**)

《リスト 7-4-9》ラーニングデータの分割

```
y=np_utils.to_categorical(y)  〈ベクトル形式変換〉
x_train,x_test,y_train,y_test=train_test_split(x,y,test_size=0.2)  〈ファイル分割〉
```

7-4-4-3　分割データの整形

Keras のラーニングデータとして使うことができるように、x_train,x_test,y_train,y_test を Keras の仕様に合わせて変換します (**リスト 7-4-10**)。

《リスト 7-4-10》分割データの整形

```
x_train = x_train.astype('float32')  〈x 関連分割〉
x_train = x_train / 255.0  〈0.0 ～ 1.0 に正規化〉
x_test = x_test.astype('float32')  〈実数型に変換〉
x_test = x_test / 255.0  〈0.0 ～ 1.0 に正規化〉
x_train = x_train.reshape(x_train.shape[0], 10,10, 3)  〈keras　X_train 用変換〉
x_test = x_test.reshape(x_test.shape[0],10,10, 3)  〈Keras　y_train 用変換〉
```

7-4-4-4　Keras シーケンシャルモデルによる CNN の構築

いよいよ CNN を構築します。Keras を利用すれば先に説明したイメージのままに CNN を構成することができます。これが Keras のすごいところです。パラメータは筆者が試した結果、うまく動いた例を紹介しています。**リスト 7-4-11** の Conv 2 D、Flatten,Dense128, Dense65 が CNN ＝畳み込みニューラルネットワーク本体です。サマリーは CNN の概要出力です。compile することで記述した CNN を使うことができるようになります (**リスト 7-4-11**)。

《リスト 7-4-11》CNN の構築

```
model_NN = Sequential() 〈ニューラルネットワークのタイプはシーケンシャル型＝信号がネットワークを順次伝わるタイプを指定〉
model_NN.add(Conv2D(64,(3,3),activation="relu",input_shape=(10,10,3)))
  〈↑Conv2D によるニューラルネットワーク層追加〉
model_NN.add(Flatten())  〈Flatten 層追加〉
model_NN.add(Dense(128, activation='relu'))  〈Dense 層追加〉
model_NN.add(Dense(65, activation='sigmoid'))  〈Dense 層により 65 ラベルに分類出力〉

model_NN.summary()  〈サマリー（概要）出力〉
model_NN.compile(optimizer='adam',loss='categorical_crossentropy',metrics=['accuracy'])
  〈↑コンパイル設定〉
```

7-4-4-5　ディープラーニング結果の保存

my_epochs でディープラーニング回数を指定します。fit によって DL を開始します。predict により結果を得ることができます。save すると DL 結果と CNN 構造をファイルに保存します（**リスト 7-4-12**）。

《リスト 7-4-12》ディープラーニング開始

```
my_epochs=50  〈ラーニングは 50 回〉
result=model_NN.fit(x_train,y_train,epochs=my_epochs,validation_split=0.2)  〈ラーニング開始〉
kekka=model_NN.predict(x_test),y_test  〈ラーニング結果〉
model_NN.save("/content/drive/MyDrive/aip_rgb_model.hdf5")  〈CNN の構成と DL 結果をファイルに保存〉
```

7-4-4-6　ディープラーニング結果の表示

DL の様子と結果を matplot を使ってわかりやすくグラフで表示します。accuracy が正解率、val_accuracy がテストデータ正解率を示します（**リスト 7-4-13**）。

《リスト 7-4-13》ラーニング結果の表示

```
print(result.history.keys()) 〈ヒストリデータのラベルを確認〉
import matplotlib.pyplot as plt  〈グラフ表示ライブラリ設定〉
%matplotlib inline
plt.plot(range(1, my_epochs+1), result.history['accuracy'], label="training")
  〈↑正解率グラフ描画〉
plt.plot(range(1, my_epochs+1), result.history['val_accuracy'], label="validation")
  〈↑テストデータ正解率グラフ描画〉
plt.xlabel('Epochs')  〈横軸名表示〉
plt.ylabel('Accuracy')  〈縦軸名表示〉
plt.legend()
plt.show()  〈グラフ全体表示〉
```

7-4-5　プログラムリスト

完成した最もシンプルなCNNディープラーニングプログラム全体を示します。全体を見るとさほど長いプログラムではないことがわかります。このシンプルさでDLを試すことができるのです（**リスト7-4-14**）。

《リスト7-4-14》最もシンプルなCNNプログラムリスト全体

```
import keras 〈Keras ライブラリ使用宣言〉
from keras.models import Sequential 〈シーケンシャルモデル使用宣言〉
from keras.layers import Dense,Activation,Conv2D,Flatten,MaxPooling2D,GlobalAveragePooling
1D 〈Keras 各種レイヤー使用宣言〉
import numpy as np 〈numpy 配列使用宣言〉
from keras.utils import np_utils 〈keras ユーティリティ使用宣言〉
from keras.preprocessing.image import array_to_img, img_to_array, load_img
〈↑ keras 画像処理使用宣言〉

import os 〈ファイル処理ライブラリ定義〉 〈os モジュール取り込み〉
import re 〈ファイル処理で利用〉 〈re モジュール取り込み〉

from sklearn.model_selection import train_test_split 〈分割ユーティリティ使用宣言〉
from PIL import Image 〈画像処理ライブラリ使用宣言〉
from keras import backend as K

def list_pictures(directory, ext='jpg|jpeg|bmp|png|ppm'): 〈ディレクトリ内ファイル数処理〉
    return [os.path.join(root, f)
            for root, _, files in os.walk(directory) for f in files 〈ディレクトリ内ファイルスキャン〉
            if re.match(r'([¥w]+¥.(?:' + ext + '))', f.lower())] 〈ファイル名を取得〉


#main　メインプログラム
print("******* main ")
#
from google.colab import drive 〈google ドライブ使用宣言〉
drive.mount('/content/drive') 〈ドライブマウント〉

x=[] 〈Keras x データ〉
y=[] 〈Keras y データ〉
#tban=[]

i=0 〈処理状況表示制御カウンタ初期化〉
j=0 〈処理状況表示改行制御カウンタ初期化〉
print(" ＊＊＊　画像ファイル処理開始　＊＊＊")
for picture in list_pictures('/content/drive/MyDrive/dload/'): 〈dload 内ファイル全てスキャン〉
    img_rgb=np.array(Image.open(picture).convert('RGB')) 〈RGB 形式に変換〉
```

※斜体文字の行は、１行で入力してください。

```
    str = os.path.splitext(os.path.basename(picture))[0]  〈ファイル名取得〉
    str=str[-3:]  〈文字列末尾より３文字取得〉
    ys=int(str[0])  〈１文字目をy〉
    xs=int(str[2])  〈３文字目をx〉
    oku_no=(ys-1)*8+xs  〈yxを１～６４に変換〉
    print("*",end='')
    if i % 100==0:  〈変換処理進行状況表示〉
      print("¥n")
      i=0  〈画像総数カウンタ初期化〉
      j +=1  〈１行ごとカウントアップ〉
      print("%d:" % (j*100),end='')  〈＊表示〉
    x.append(img_rgb)  〈xにデータ追加〉
    y.append(oku_no)  〈yにデータ追加〉
    i +=1

x=np.array(x)  〈xをnumpy配列に変換〉
y=np.array(y)  〈yをnumpy配列に変換〉

np.save("/content/drive/MyDrive/20210530_aip_rgb_x_test.npy",x.astype('float32'))
〈↑x画像データ保存〉
np.save("/content/drive/MyDrive/20210530_aip_rgb_y_test.npy",y.astype('int32'))
〈↑yラベルデータ保存〉


x = np.load('/content/drive/MyDrive/20210530_aip_rgb_x_test.npy')  〈x：画像データ読込〉
y = np.load('/content/drive/MyDrive/20210530_aip_rgb_y_test.npy')  〈y：ラベルデータ読込〉

y = y.astype('int32')  〈y関連変換〉
y=np_utils.to_categorical(y)  〈ベクトル変換〉
y=np.array(y)  〈numpy配列に変換〉

x_train,x_test,y_train,y_test=train_test_split(x,y,test_size=0.2)  〈ファイル分割〉

x_train = x_train.astype('float32')  〈x関連分割〉
x_train = x_train / 255.0  〈0.0～1.0に正規化〉
x_test = x_test.astype('float32')  〈実数変換〉
x_test = x_test / 255.0  〈0.0～1.0に正規化〉

x_train = x_train.reshape(x_train.shape[0], 10,10, 3)  〈keras X_train用変換〉
x_test = x_test.reshape(x_test.shape[0],10,10, 3)  〈Keras y_train用変換〉

#Kerasシーケンシャルモデルによるディープラーニング
model_NN = Sequential()  〈Kerasシーケンシャルモデル使用宣言〉
model_NN.add(Conv2D(64,(3,3),activation="relu",input_shape=(10,10,3)))
〈↑Conv2Dによるニューラルネットワーク層追加〉
model_NN.add(Flatten())  〈Flatten層追加〉
```

```
model_NN.add(Dense(128, activation='relu'))  〈Dense 層追加〉
model_NN.add(Dense(65, activation='sigmoid'))  〈Dense 層により 65 ラベルに分類出力〉
model_NN.summary()  〈サマリー出力〉

model_NN.compile(optimizer='adam',loss='categorical_crossentropy',metrics=['accuracy'])
〈↑コンパイル設定〉

print("x_train_shape=",x_train.shape)  〈x データ表示〉
print("y_train_shape=",y_train.shape)  〈y データ表示〉
print("fit=")

#ディープラーニング開始
my_epochs=50  〈ラーニングは 50 回〉
result=model_NN.fit(x_train,y_train,epochs=my_epochs,validation_split=0.2)  〈ラーニング実行〉
kekka=model_NN.predict(x_test),y_test  〈ラーニング結果は kekka に入力〉
print(" ＊＊＊　ネットワークと重みの保存　＊＊＊ ")
model_NN.save("/content/drive/MyDrive/aip_rgb_model.hdf5")
〈↑ニューラルネットワークの構成とラーニング結果を保存〉

print(result.history.keys())  〈ヒストリデータのラベルを確認〉
import matplotlib.pyplot as plt  〈グラフ出力 matplot 定義〉
%matplotlib inline  〈matplot 使用宣言〉
plt.plot(range(1, my_epochs+1), result.history['accuracy'], label="training")
〈↑解率グラフ描画〉
plt.plot(range(1, my_epochs+1), result.history['val_accuracy'], label="validation")
〈↑テストデータ正解率グラフ描画〉
plt.xlabel('Epochs')  〈横軸名表示〉
plt.ylabel('Accuracy')  〈縦軸名表示〉
plt.legend()
plt.show()  〈グラフ全体表示〉
```

7-4-6　ディープラーニングの実行結果

プログラムを実行すると、dload に保存されている盤面画像からディープラーニングできる形式への変換処理を行います。

```
******* main
Mounted at /content/drive
＊＊＊　画像ファイル処理開始　＊＊＊

1000:**************************************************
```

処理が終わると、変換データを保存します。画像データが大量の場合は、変換作業に非常に時間がかかるために､保存までで一旦プログラムを終了します。次に変換ルーチンをコメントアウトすることで、ディープラーニングよりプログラムを再開することも可能です。

7-4-6-1　ディープラーニング開始

サマリー（ニューラルネットワークの構成）を表示後、ディープラーニングを開始します。CNN の構成に矛盾がある時は、この時点でエラーを出力して停止します。エラーには配列の構成が適していない、層間でデータの受け渡しができない、などがあります（図 7-4-2)。

図 7-4-2　ディープラーニング開始時の様子

```
Drive already mounted at /content/drive; to attempt to forcibly remount, call drive.mount("/content/drive", force_remount=True).
Model: "sequential_2"
_________________________________________________________________
 Layer (type)                Output Shape              Param #
=================================================================
 conv2d_2 (Conv2D)           (None, 8, 8, 64)          1792

 flatten (Flatten)           (None, 4096)              0

 dense_3 (Dense)             (None, 128)               524416

 dense_4 (Dense)             (None, 65)                8385

=================================================================
Total params: 534,593
Trainable params: 534,593
Non-trainable params: 0
_________________________________________________________________
x_train_shape= (34219, 10, 10, 3)
y_train_shape= (34219, 65)
fit=
Epoch 1/50
856/856 [==============================] - 14s 4ms/step - loss: 3.6286 - accuracy: 0.0961 - val_loss: 3.2560 - val_accuracy: 0.1467
Epoch 2/50
856/856 [==============================] - 3s 4ms/step - loss: 3.0220 - accuracy: 0.1813 - val_loss: 2.9933 - val_accuracy: 0.1765
Epoch 3/50
856/856 [==============================] - 3s 4ms/step - loss: 2.7869 - accuracy: 0.2085 - val_loss: 2.8945 - val_accuracy: 0.1866
Epoch 4/50
856/856 [==============================] - 3s 4ms/step - loss: 2.6350 - accuracy: 0.2303 - val_loss: 2.8521 - val_accuracy: 0.1853
Epoch 5/50
856/856 [==============================] - 3s 4ms/step - loss: 2.5172 - accuracy: 0.2527 - val_loss: 2.8210 - val_accuracy: 0.1842
Epoch 6/50
856/856 [==============================] - 4s 4ms/step - loss: 2.4056 - accuracy: 0.2736 - val_loss: 2.8077 - val_accuracy: 0.1878
Epoch 7/50
```

7-4-6-2　ディープラーニングの途中経過とグラフ

徐々にラーニングが進んでいる様子です。accuracy は学習データによる正解率、val_accuracy はテストデータによる正解率を示します。accuracy が 1.0 に近づくほど、学習結果が良いことを示します。val_accuracy が良いほど本番の結果が良いことを示します（**図 7-4-3**）。

図 7-4-3　ディープラーニングの途中経過

```
Epoch 45/50
856/856 [==============================] - 3s 4ms/step - loss: 0.2477 - accuracy: 0.9091 - val_loss: 8.8908 - val_accuracy: 0.1555
Epoch 46/50
856/856 [==============================] - 3s 4ms/step - loss: 0.2429 - accuracy: 0.9095 - val_loss: 9.0474 - val_accuracy: 0.1537
Epoch 47/50
856/856 [==============================] - 3s 4ms/step - loss: 0.2457 - accuracy: 0.9085 - val_loss: 9.1733 - val_accuracy: 0.1613
Epoch 48/50
856/856 [==============================] - 3s 4ms/step - loss: 0.2454 - accuracy: 0.9072 - val_loss: 9.3169 - val_accuracy: 0.1606
Epoch 49/50
856/856 [==============================] - 3s 4ms/step - loss: 0.2398 - accuracy: 0.9085 - val_loss: 9.5344 - val_accuracy: 0.1651
Epoch 50/50
856/856 [==============================] - 3s 4ms/step - loss: 0.2284 - accuracy: 0.9151 - val_loss: 9.5798 - val_accuracy: 0.1543
＊＊＊　ネットワークと重みの保存　＊＊＊
dict_keys(['loss', 'accuracy', 'val_loss', 'val_accuracy'])
```

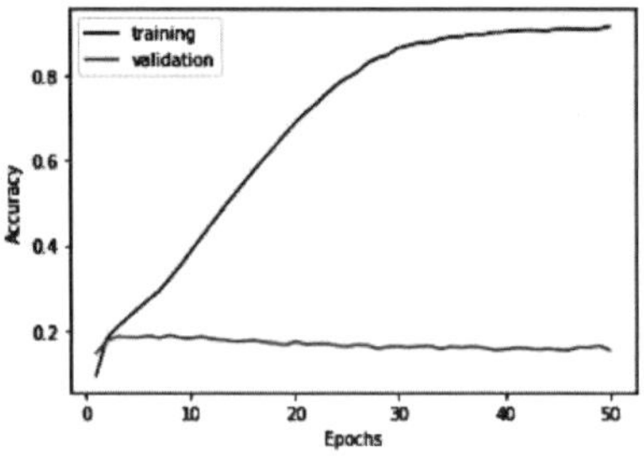

training
validation
Accuracy
0.8
0.6
0.4
0.2
0 10 20 30 40 50
Epochs

7-4-6-3　ニューラルネットワークの構成とディープラーニング結果ファイル

ニューラルネットワークの構成とディープラーニング結果がファイルに保存されます。このファイルを使って、ディープラーニングあいぴが次の一手を導き出します（**リスト 7-4-15**）。

CNN の構成を色々試して高性能なディープラーニングに挑戦してください。

《リスト 7-4-15》CNN の構成とラーニング結果が保存されているファイル

```
保存されている場所：/content/drive/MyDrive/
ファイル名：aip_rgb_model.hdf5
```

7-5 Kerasを使ってディープラーニングを工夫する

基本的な畳み込みニューラルネットワーク（Convolutional Neural Network　以後、CNN）によるディープラーニングのプログラミング方法がわかりましたでしょうか。CNNを工夫してみましょう。

7-5-1　CNN工夫方法

工夫の方針として、畳み込み層を一層追加、Dropout層を追加して過学習を防いでみましょう。過学習とは、学習時には良い結果が出せるのに、本番のデータ処理がうまくできない状況をいいます。ここでは全データの80%でディープラーニングし、残りの20%で確認を行う構成です（図7-5-1、リスト7-5-1）。

図7-5-1　CNNの工夫

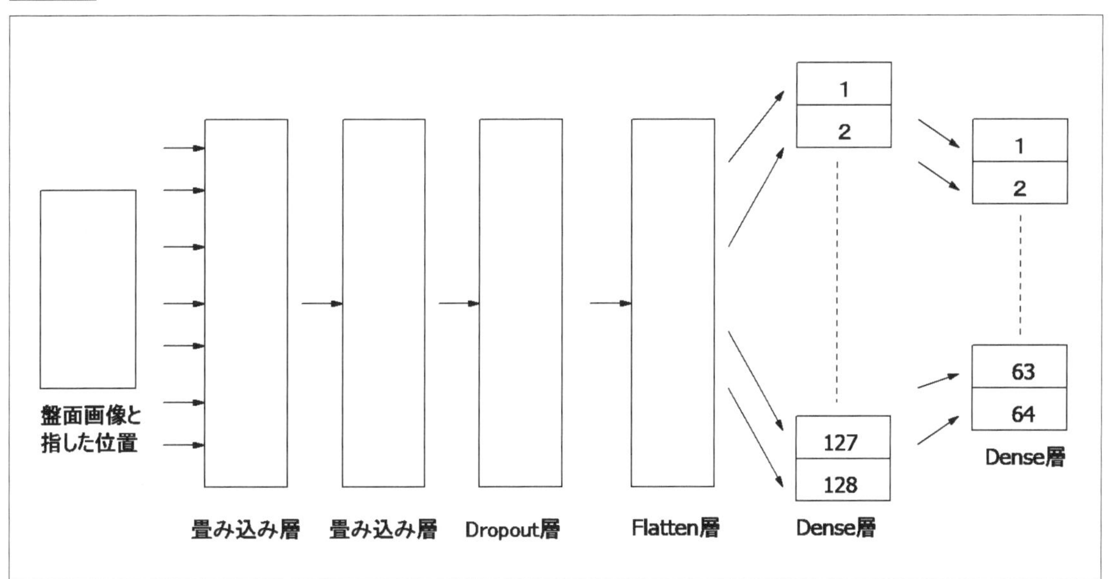

《リスト7-5-1》CNNの工夫

```
畳み込み層（Conv2D）×２：CNNによる畳み込み層
Dropout層：過学習防止に必要な層
Flatten層： ２次元配列を１次元に変換
Dense層×２：１２８→６４に分類
```

7-5-2　CNN プログラムについて

Keras を使っているので、CNN の構築や変更も簡単にできます。先に説明した CNN を構築します。構成例 1 に示した部分以外は、今までと全て同じです（**リスト 7-5-2**）。

《リスト 7-5-2》CNN の構成例 1

```
model_NN = Sequential()   〈ニューラルネットワークはシーケンシャル型〉
model_NN.add(Conv2D(64,(3,3),activation="relu",input_shape=(10,10,3)))   〈Conv2D による CNN 層〉
model_NN.add(Conv2D(32, (3, 3), activation='relu'))   〈Conv2D による CNN 層追加〉
model_NN.add(Dropout(rate=0.3))   〈Dropout 層追加〉
model_NN.add(Flatten())   〈Flatten 層〉
model_NN.add(Dense(128, activation='relu'))   〈Dense 層〉
model_NN.add(Dense(65, activation='sigmoid'))   〈Dense 層により 65 ラベルに分類出力〉
```

7-5-3　実行結果

7-5-3-1　ディープラーニング開始

CNN の構成を表示後、ディープラーニングを開始します。サマリーにより、conv2d_1 と dropout が増えていることが確認できます（**図 7-5-2**）。

図 7-5-2　ディープライニング開始

```
Mounted at /content/drive
Model: "sequential"
_________________________________________________________________
Layer (type)                Output Shape              Param #
=================================================================
conv2d (Conv2D)             (None, 8, 8, 64)          1792
_________________________________________________________________
conv2d_1 (Conv2D)           (None, 6, 6, 32)          18464
_________________________________________________________________
dropout (Dropout)           (None, 6, 6, 32)          0
_________________________________________________________________
flatten (Flatten)           (None, 1152)              0
_________________________________________________________________
dense (Dense)               (None, 128)               147584
_________________________________________________________________
dense_1 (Dense)             (None, 65)                8385
=================================================================
Total params: 176,225
Trainable params: 176,225
Non-trainable params: 0
_________________________________________________________________
x_train_shape= (34219, 10, 10, 3)
y_train_shape= (34219, 65)
fit=
Epoch 1/50
856/856 [==============================] - 51s 6ms/step - loss: 3.8895 - accuracy: 0.0524 - val_loss: 3.2038 - val_accuracy: 0.1368
Epoch 2/50
856/856 [==============================] - 4s 5ms/step - loss: 3.1106 - accuracy: 0.1501 - val_loss: 2.8439 - val_accuracy: 0.1720
Epoch 3/50
856/856 [==============================] - 4s 5ms/step - loss: 2.7941 - accuracy: 0.1886 - val_loss: 2.6853 - val_accuracy: 0.1908
Epoch 4/50
856/856 [==============================] - 4s 5ms/step - loss: 2.6317 - accuracy: 0.2116 - val_loss: 2.6277 - val_accuracy: 0.1916
Epoch 5/50
856/856 [==============================] - 4s 5ms/step - loss: 2.5416 - accuracy: 0.2315 - val_loss: 2.6062 - val_accuracy: 0.1926
Epoch 6/50
```

7-5-3-2　ディープラーニング結果とグラフ

accuracy ＝正解率は前回よりも随分下がってしまいました。やはりあまり賢いとは言い難いですね（**図**

7-5-3)。

データの集め方やCNNの構成を試して、どうすれば向上するのか工夫することもディープラーニングの楽しみ方の1つといえるでしょう。

図7-5-3　構成例1の結果とグラフ

```
Epoch 42/50
856/856 [==============================] - 4s 5ms/step - loss: 1.4531 - accuracy: 0.5225 - val_loss: 3.2278 - val_accuracy: 0.1850
Epoch 43/50
856/856 [==============================] - 4s 5ms/step - loss: 1.4347 - accuracy: 0.5261 - val_loss: 3.2982 - val_accuracy: 0.1835
Epoch 44/50
856/856 [==============================] - 4s 5ms/step - loss: 1.4373 - accuracy: 0.5283 - val_loss: 3.2863 - val_accuracy: 0.1828
Epoch 45/50
856/856 [==============================] - 4s 5ms/step - loss: 1.3987 - accuracy: 0.5304 - val_loss: 3.2809 - val_accuracy: 0.1867
Epoch 46/50
856/856 [==============================] - 4s 5ms/step - loss: 1.3982 - accuracy: 0.5334 - val_loss: 3.3191 - val_accuracy: 0.1870
Epoch 47/50
856/856 [==============================] - 4s 5ms/step - loss: 1.3864 - accuracy: 0.5395 - val_loss: 3.3478 - val_accuracy: 0.1837
Epoch 48/50
856/856 [==============================] - 4s 5ms/step - loss: 1.3829 - accuracy: 0.5466 - val_loss: 3.3469 - val_accuracy: 0.1831
Epoch 49/50
856/856 [==============================] - 4s 5ms/step - loss: 1.3666 - accuracy: 0.5476 - val_loss: 3.3179 - val_accuracy: 0.1831
Epoch 50/50
856/856 [==============================] - 4s 5ms/step - loss: 1.3690 - accuracy: 0.5454 - val_loss: 3.3895 - val_accuracy: 0.1825
＊＊＊　ネットワークと重みの保存　＊＊＊
dict_keys(['loss', 'accuracy', 'val_loss', 'val_accuracy'])
```


7-5-3-3　CNNの構成とラーニング結果の保存

CNNの構成とラーニング結果は次のファイルに保存されています。このファイルはディープラーニングあいぴ対戦に使用します（**リスト7-5-3**）。

《リスト7-5-3》CNNと結果の保存ファイル

```
aip_rgb_model.hdf5
```

7-5-4　ニューラルネットワークの構成を自分流にカスタマイズ

Kerasを利用しているので、CNNの構成を簡単に変えて自分流にカスタマイズすることができます。次の構成で試してみました（**リスト7-5-4**）。

《リスト7-5-4》CNNの構成例2

```
model_NN = Sequential()   〈ニューラルネットワークはシーケンシャル型
model_NN.add(Conv2D(64, (3,3),activation="relu", input_shape=(10,10,3)))          〈Conv2DによるCNN層追加
model_NN.add(Conv2D(32, (3,3),activation="relu", input_shape=x_train.shape[1:]))
model_NN.add(MaxPooling2D(pool_size=(2, 2)))   〈MaxPooling層追加
model_NN.add(Conv2D(32, (3, 3), activation='relu'))   〈Conv2DによるCNN層追加
```

```
model_NN.add(Dropout(rate=0.3))  〈Dropout 層追加
model_NN.add(Flatten())  〈Flatten 層追加
model_NN.add(Dense(128, activation='relu'))  〈Dense 層 128 分類追加
model_NN.add(Dense(65, activation='sigmoid'))  ┐〈Dense 層 65 分類追加
#model_NN.add(Dense(65, activation='softmax')) ┘
```

構成例2ではaccuracyががくっと下がってしまいました。CNNは複雑にすればいいというものではないようで、奥深いですね。こうして試行錯誤しながら最適な構成を見つけるのも楽しみの1つです(**図7-5-4**)。

図7-5-4 構成例2の結果とグラフ

```
Epoch 47/50
856/856 [==============================] - 9s 10ms/step - loss: 2.9900 - accuracy: 0.1833 - val_loss: 3.3050 - val_accuracy: 0.1318
Epoch 48/50
856/856 [==============================] - 9s 10ms/step - loss: 2.9820 - accuracy: 0.1834 - val_loss: 3.3024 - val_accuracy: 0.1312
Epoch 49/50
856/856 [==============================] - 9s 10ms/step - loss: 2.9699 - accuracy: 0.1839 - val_loss: 3.3090 - val_accuracy: 0.1330
Epoch 50/50
856/856 [==============================] - 9s 10ms/step - loss: 2.9784 - accuracy: 0.1853 - val_loss: 3.3136 - val_accuracy: 0.1328
*** ネットワークと重みの保存 ***
dict_keys(['loss', 'accuracy', 'val_loss', 'val_accuracy'])
```

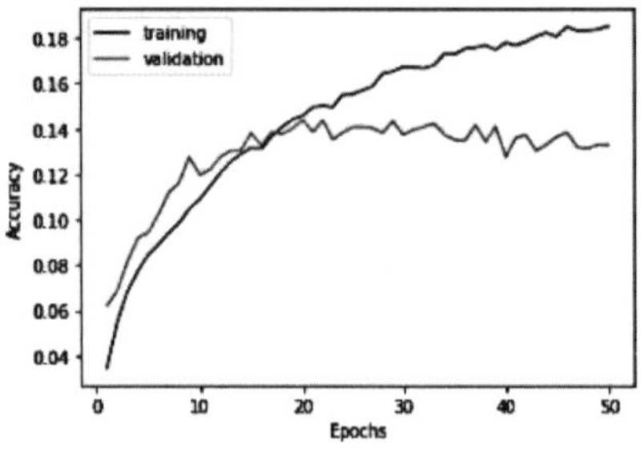

7-6 ディープラーニングあいぴと対戦する

構築した畳み込みニューラルネットワーク（Convolutional Neural Network　以後、CNN）とディープラーニング（以後、DL）のラーニング結果を使って、いよいよDLあいぴが登場します(図7-6-1)。DLあいぴは乱数あいぴと対戦します。ラーニング結果にはCNNが含まれています。ラーニング結果をロードして、盤面画像を入力すれば次の一手を教えてくれます。

図7-6-1　ディープラーニングあいぴ　イメージキャラクタ

7-6-1　ディープラーニングあいぴの実現方法

リバーシゲーム中の盤面画像を8×8ドットのRGB画像に変換し、ディープラーニング結果を用いて、次の一手を導き出します。

7-6-1-1　盤面状況の画像化

進行中の盤面状況を画像として保存します（リスト7-6-1）。

《リスト7-6-1》盤面状況の画像化

```
def disp_gboard(i,no,yy,xx):
    盤面の画像化
    ファイル名の生成
    最新盤面状況を画像として保存
```

7-6-1-2　ディープラーニング学習結果より次の一手を導き出す

保存した最新盤面画像よりディープラーニング結果を用いて次の一手を導き出します。導き出せない場合は乱数あいぴにより駒を置きます（リスト7-6-2）。

《リスト7-6-2》DLより次の一手を導き出す

```
def aip_deep(turn):  〈ディープラーニングあいぴ
    盤面ナンバーテーブルのセット
    最新盤面画像numpy配列に復元

    CNNの構成と学習結果のロード

    while 1:  〈学習結果より打つ場所を決める
        盤面をニューラルネットワークに入れ打つ手を得る
```

```
打つ手はxyセットで入る
aip_y: 縦軸の打つ場所
aip_x: 横軸の打つ場所
if  DLで置ける場合
     aip_y、aip_xをそのまま返す
     DLにより置けた場合のカウント
else:  おけない場合
  置けない表示

置けない場合は乱数あいぴが打つ
```

7-6-3 DLあいぴを実現するPythonプログラムについて

7-6-3-1 ニューラルネットワークと学習済みの重みのロード

CNN構造と学習結果を読み込みます。model_NNにCNN構造と結果が復元されます（**リスト7-6-3**）。

《リスト7-6-3》CNNと学習結果の読み込み

```
model_NN=keras.models.load_model("/content/drive/MyDrive/aip_rgb_model.hdf5")
```

7-6-3-2 盤面画像をCNNに入力し、次の一手を導き出す

最新盤面画像をKerasに入力できる形に変換し、numpy配列x_targetにセットします（**リスト7-6-4**）。

《リスト7-6-4》盤面画像をKerasにわたす準備

```
x_img=np.array(Image.open('/content/drive/MyDrive/ban_now.bmp').convert('RGB'))
↑ ban_now.bmpに保存されている盤面画像をnumpy配列に再ロード
x.append(x_img)  画像の変換
x=np.array(x)
x = x.astype('float32')
x = x / 255.0  正規化
x_target = x.reshape(x.shape[0], 10,10, 3)  最新盤面を画像よりnumpy配列に復元
```

7-6-3-3 Kerasに盤面画像を渡して、次の一手を得る

この一行こそがDLあいぴの心臓部です。リバーシのルールを知らないDLあいぴが次の一手を導き出します。predictによりKerasに入力すると、p_kekkaに次の一手がxyセットとなって入ります（**リスト7-6-5**）。

《リスト7-6-5》Kerasに盤面画像を渡して、次の一手を得る

```
p_kekka = model_NN.predict(x_target)
```

7-6-3-4　xy の分離

p_kekka には xy がセットで入っているので、DL あいぴが打つ手として aip_y、aip_x に分離します（**リスト 7-6-6**）。

《リスト 7-6-6》xy の分離

```
        arg_kekka = np.argmax(p_kekka)  〈1~64 の内最大確率をセット〉
        aip_xy=henkan[arg_kekka]  〈打つ手は xy セットで入る〉
        aip_y=int(aip_xy/10)  〈縦軸 1 ～ 8 の打つ場所〉
        aip_x=aip_xy % 10  〈横軸 a ～ h の打つ場所〉
```

7-6-4　ディープラーニングあいぴ対戦プログラムリスト全体

CNN とディープラーニングにより次の一手を導き出す DL あいぴのプログラムリストを示します（**リスト 7-6-7**）。

《リスト 7-6-7》DL あいぴのプログラムリスト

```
#!/usr/bin/python3
# -*- coding:utf-8 -*-

print(' ＊＊＊　あいぴのリバーシ python 版 Ver4.1　＊＊＊ ¥n')

import numpy as np  〈numpy 配列使用宣言〉
import random  〈乱数使用宣言〉
import sys  〈sys モジュール取り込み〉
import time  〈時間関連使用宣言〉
from PIL import Image  〈グラフィック関連使用宣言〉
from matplotlib import pylab as plt  〈グラフ描画ライブラリ使用宣言〉
import os  〈os モジュール取り込み〉
import matplotlib.pyplot as plt  〈グラフ描画ライブラリ使用宣言〉
import keras  〈keras ライブラリ使用宣言〉
from keras.models import Sequential  〈keras 関連ライブラリ使用宣言〉
from keras.layers import Dense,Activation,Conv2D,Flatten,MaxPooling2D,GlobalAveragePooling
1D  〈keras 関連ライブラリ使用宣言〉
from keras.preprocessing.image import array_to_img,  img_to_array,  load_img
〈↑ keras 関連ライブラリ使用宣言〉

def disp_gboard(i,no,yy,xx):  〈盤面表示関数　最新盤面状況保存機能あり〉
    global gboard  〈gboard グローバル宣言〉
    gboard[:,:,(0,1,2)]=50  〈盤面すべて黒セット〉
    for y in range(0,10):  〈盤面内スキャン〉
        for x in range(0,10):
            if board[y,x]==1 :  〈黒駒の場合、〉
                gboard[y,x,0]=255  〈赤色セット〉
            if board[y,x]==2 :  〈白駒の場合、〉
               gboard[y,x,1]=255  〈緑いろセット〉
```

※斜体文字の行は、1 行で入力してください。

```
    # ファイル名の生成
    filename = '/content/drive/MyDrive/ban_now.bmp'  〈ファイル名とパスセット
    print(filename)
    gboard_save = Image.fromarray(gboard)  〈最新盤面状況セット
    gboard_save.save(filename,'bmp')  〈画像として保存


def aip_riversi(i):  〈リバーシゲーム対戦本体 i: ゲーム回数
    global ok_count  〈DL あいぴが DL 結果により置けた場合をカウント
   〈リスト 6-2-3 参照


def aip_deep(turn):  〈ディープラーニングあいぴ本体
    global aip_x,aip_y  〈あいぴ置く位置
    global ok_count  〈DL 結果により置けた場合をカウント

    henkan=[0,11,12,13,14,15,16,17,18,
            21,22,23,24,25,26,27,28,
            31,32,33,34,35,36,37,38,
            41,42,43,44,45,46,47,48,
            51,52,53,54,55,56,57,58,
            61,62,63,64,65,66,67,68,
            71,72,73,74,75,76,77,78,
            81,82,83,84,85,86,87,88]
    〈盤面ナンバーテーブル 1 ～ 64 を 11 ～ 88 に変換

    x=[]  〈ゲーム中の盤面状況を保存
    x_img=np.array(Image.open('/content/drive/MyDrive/ban_now.bmp').convert('RGB'))
    〈↑保存画像の読み込み
    x.append(x_img)  〈画像の変換
    x=np.array(x)  〈numpy 配列変換
    x = x.astype('float32')  〈実数型変換
    x = x / 255.0  〈0.0 ～ 1.0 に正規化
    x_target = x.reshape(x.shape[0], 10,10, 3)  〈最新盤面を画像より numpy 配列に復元


    model_NN=keras.models.load_model("/content/drive/MyDrive/aip_rgb_model.hdf5")
    〈↑ニューラルネットワークと学習結果のロード
    i=0
    while 1:  〈学習結果より打つ場所を決める
        p_kekka = model_NN.predict(x_target)  〈盤面を CNN に入力し、1 ～ 64 の適合確率を出力
        arg_kekka = np.argmax(p_kekka)  〈1 ～ 64 の内最大確率をセット
        aip_xy=henkan[arg_kekka]  〈1 ～ 64 を 11 ～ 88 に変換
        aip_y=int(aip_xy/10)  〈y 縦軸 1 ～ 8 の置く場所に変換
        aip_x=aip_xy % 10  〈x 横軸 a ～ h の置く場所に変換
        if okeruka(aip_y,aip_x,turn)==1:  〈DL で置ける場合
            print(' DL あいぴ > %s%d ¥n' % (chr(aip_x+0x60),aip_y))
```

```
                ok_count +=1  〈DLにより置けた場合のカウント
                return 1
            else:  〈置けない場合
              print(' DLあいぴ> %s%d には置けない ¥n' % (chr(aip_x+0x60),aip_y))
              break

        while 1:  〈置けない場合は乱数により打つ
            x=random.randint(1,8)  〈乱数によりx置く位置を決定
            y=random.randint(1,8)  〈乱数によりy置く位置を決定
            #print('aip:x,y=',x,y)
            if okeruka(y,x,turn)==1:  〈置ける場合、
                print(' DLあいぴ 乱数発生> %s%d ¥n' % (chr(x+0x60),y))
                aip_x=x  〈x置く位置セット
                aip_y=y  〈y置く位置セット
                return 2
            else:  〈置けない場合、
                dummy=0

# main
if __name__ == "__main__":
    import shutil
    import glob

    from google.colab import drive  〈googleドライブ使用宣言
    drive.mount('/content/drive')  〈ドライブマウント
    init_board()  〈盤面初期化
    init_gboard()  〈DL用盤面初期

    #aip1_hyouka=np.random.randint(1,8,size=(9,9))

    kekka=aip_riversi(1)  〈DLあいぴと乱数あいぴを1回対戦する
    disp_gboard(0,0,0,0)  〈最終盤面表示
    plt.imshow(gboard)
    plt.show()
    print("¥n¥n ＊＊＊  試合終了  ＊＊＊ ")
    print("DLあいぴが考えることができたのは %d/30 回です。" % (ok_count))
```

7-6-5　ディープラーニングあいぴ対戦実行結果

7-6-5-1　ゲーム開始時

さあ、DL あいぴと乱数あいぴのリバーシ対戦を始めましょう。ディープラーニングあいぴ（以後、DL あいぴ）は黒＝先攻です（**図 7-6-2**）。最初は d3 に打ちました。DL あいぴにはリバーシのルールは一切組み込まれていません。にもかかわらずリバーシの一手を導き出すことができるのです。これぞ、ディープラーニングの成果と言えます。乱数あいぴは e3、DL あいぴは f4 と続きます。

図 7-6-2　ゲーム開始時

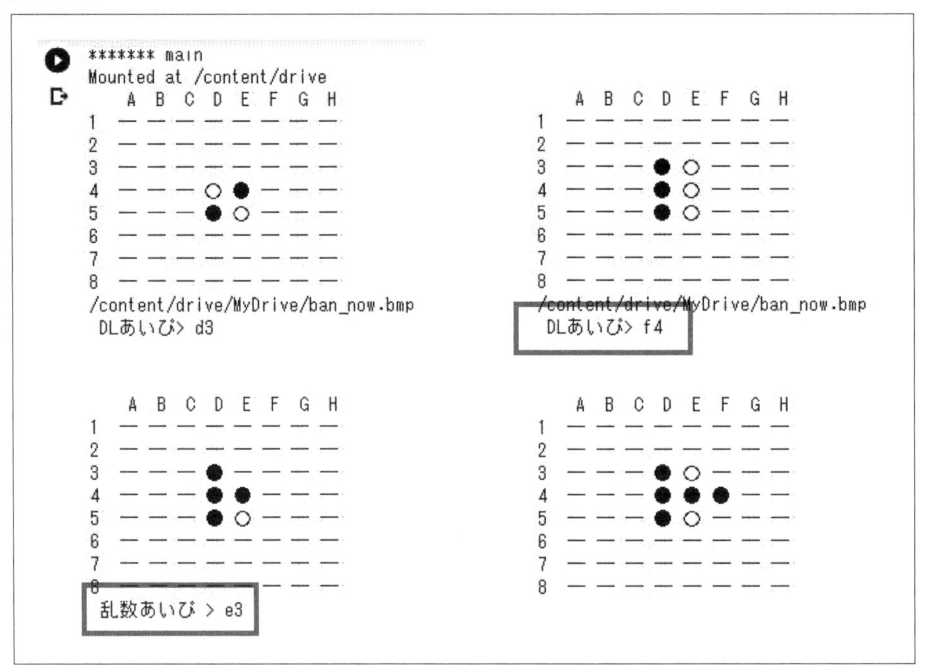

7-6-5-2　ゲーム中盤

ゲーム中盤です。DL あいぴ d2、乱数あいぴ f6、DL あいぴ a5、乱数あいぴ d1 と続きます（**図 7-6-3**）。

図7-6-3　ゲーム中盤

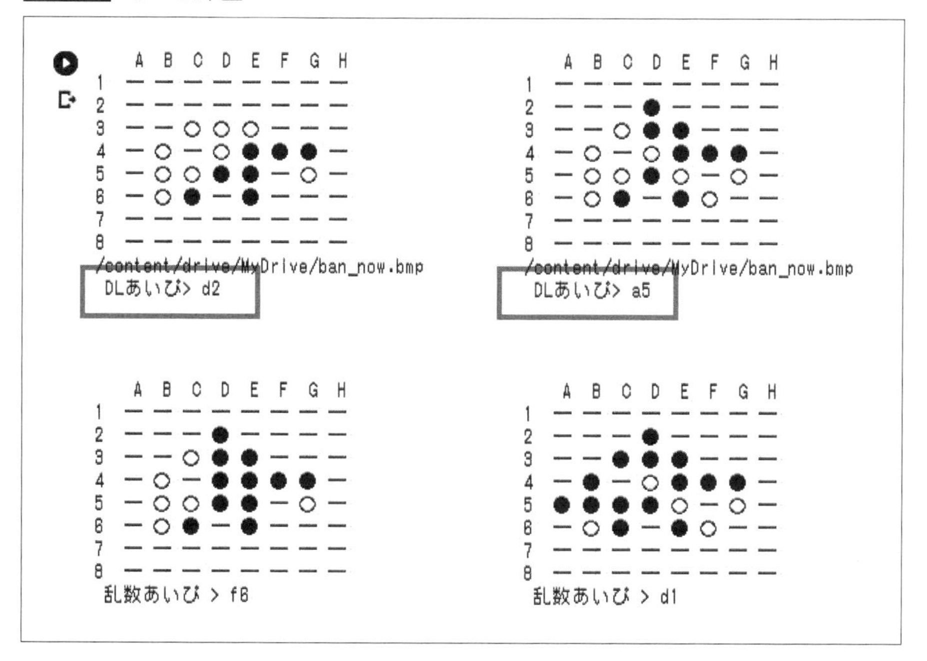

7-6-5-3　ゲーム最終局面

最終局面です。DL あいぴ a6、乱数あいぴ a4 と打ち、ゲーム終了です（図 7-6-4）。

図7-6-4　ゲーム最終局面

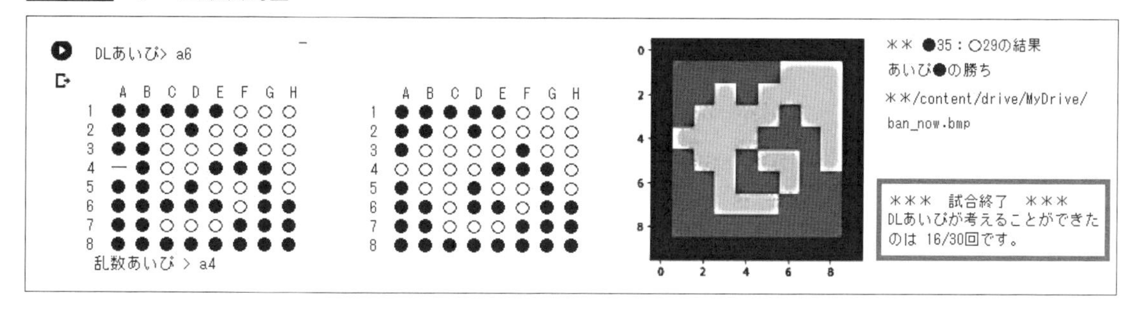

7-6-5-4　試合結果

DL あいぴ 35：乱数あいぴ 29 の結果、DL あいぴが勝ちました。ディープラーニング結果により打つことができたのは 16/30 回でした。

盤面を DL あいぴに与えると、どこに打てばよいかを導き出してくれます。リバーシのルールは DL あいぴに一切組み込まれていません。それなのに、盤面状況を DL あいぴが判断して次の一手を打つ様子は不思議の一言です。今までのアルゴリズムがなければ何もできなかったプログラミングと比較して衝撃と感動を味わうことができました。

ここまで読んでいただいたあなたにも同じ感動を味わって頂ければうれしいです。

試行錯誤の末にディープラーニング結果を利用したリバーシゲームをまとまった形にすることができました。ディープラーニングあいぴはリバーシのプレーヤにしてはあまり強くありません。本書を参考にして最強あいぴをプログラミングしてもらえればうれしいです。

7-7 プログラム掲載先と参考になるWeb

本節では本書に掲載されたプログラムリストのダウンロードURL、AIプログラミングの学習に役に立つWebサイトをご紹介します。あなたのお役に立てば幸いです。

7-7-1　本書掲載のプログラムのアップロード先

本書掲載のプログラムは、以下のURLにアップロードされています。なお、ダウンロード後、ダウンロードしたZIPファイルに含まれる説明ファイル(readme.doc)を必ずお読みください。

URL:https://denkomagazine.net/download/

7-7-2　AIプログラミング学習に役立つサイト

■日本語文書・小説AI　AIのべりすと

Google TRCとCoreWeaveの協力のもと、日本語史上最大の73億／200億パラメータ＆総1.5テラバイトのコーパスからフルスクラッチで訓練した最強最大のにほんご小説AIです。コラム6の人工知能（AI）の可能性の執筆に活用しました。

●最強最大のにほんご小説AI

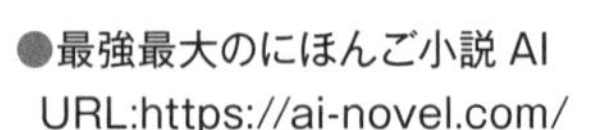

URL:https://ai-novel.com/

■AIによって生み出される創作物の取り扱い

内閣官房知的財産戦略推進事務局によるもので、AIが生み出した様々な作品の著作権やディープラーニングに使用するデータの利用について説明されています。

●AIが生み出した様々な作品の著作権

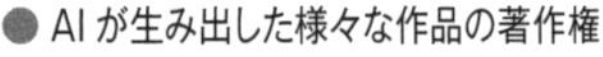

URL:https://www.kantei.go.jp/jp/singi/titeki2/tyousakai/kensho_hyoka_kikaku/2016/jisedai_tizai/dai4/siryou2.pdf

■Google ColaboratoryでKeras自作データセットを読み込む

「list_pictures」が当初動かなかったために参考にさせていただきました。

●Kerasで自作データセットを読み込むには

URL: https://qiita.com/AlphaMikeNeko/items/9870533f3ab1e11e340f

■ラズベリーパイ (Raspberry Pi)

英国ラズベリーパイ財団が提供する小型コンピュータのサイトです。2022年7月時点ではRaspberryPi 4が主力です。

●RaspberryPi 4

URL:https://jp.rs-online.com/web/generalDisplay.html?id=raspberrypi

■5分でわかる人工知能（AI）

強いAI、弱いAIの説明がわかりやすいです。

●強いAI・弱いAI

URL:https://atmarkit.itmedia.co.jp/ait/articles/2103/29/news019.html

■人工知能AI学習用ロボット -Jetbot

NVIDIAが提供するJetson Nanoを搭載した人工知能AI学習用ロボットです。

●Jetbot

URL:https://www.nvidia.com/ja-jp/autonomous-machines/embedded-systems/jetbot-ai-robot-kit/

コラム７ GPU と TPU

GPU をご存知ですか。Graphics Processing Unit の略称で画像処理専用集積回路のことです。ディープラニングでは大量の行列演算によりデータを処理することで学習します。複雑で大量の計算にはとても時間がかかります。そこで、行列演算に長けている GPU を活用するようになりました。GPU の処理能力は一般的な CPU の 10 倍以上と言われています。

GPU を使用することで、処理時間を短縮することができますが、GPU を搭載したパソコンは高価なために、一般ユーザには恩恵を受けにくかったのです。でも、GPU を使うってなんだかカッコいいのでチャンスがあれば使ってみたいと思っていました。

Google Colaboratory 環境では、GPU を誰でも手軽に無料で利用することができます。さっそく利用方法を説明します。

K-1　GPU の利用

Colab 環境であれば誰でもすぐに GPU を使うことができます。設定はメインメニューから行います。メインメニューからランタイム→　ランタイムのタイプを変更を選択します (**図 K-1**)。

ハードウェアのアクセラレータメニューから GPU を選択し、保存すれば完了です。これで GPU を使用する設定になりました。簡単ですね。GPU を使えば、ディープラーニングの処理速度が向上します。ただし、無料 Colab では、必ずしも GPU がフルに使われる保証はないようです。GPU が空いていれば使われるというところでしょうか (**図 K-2**)。

図 K-1　ランタイムのタイプを変更

図 K-2　GPU の選択

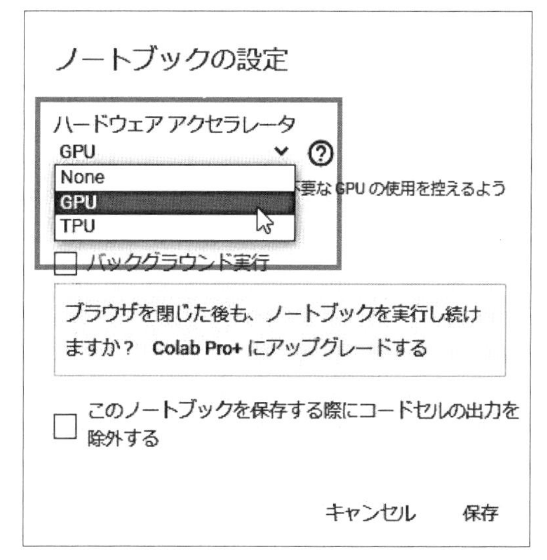

K-2　TPU の利用

最近になって Google　Colaboratory 環境において TPU の利用が可能になりました。TPU とは Tensor Processing Unit です。Tnesor は Tensoflow と同じ行列を意味します。聞き慣れない言葉ですが、TPU は Google が機械学習処理専用に開発した集積回路です。

TPU を有効活用するためには、プログラムの一部を書き換える必要があるようなので、ここでは紹介のみにとどめておきます（図 K-3）。

図 K-3　TPU の選択

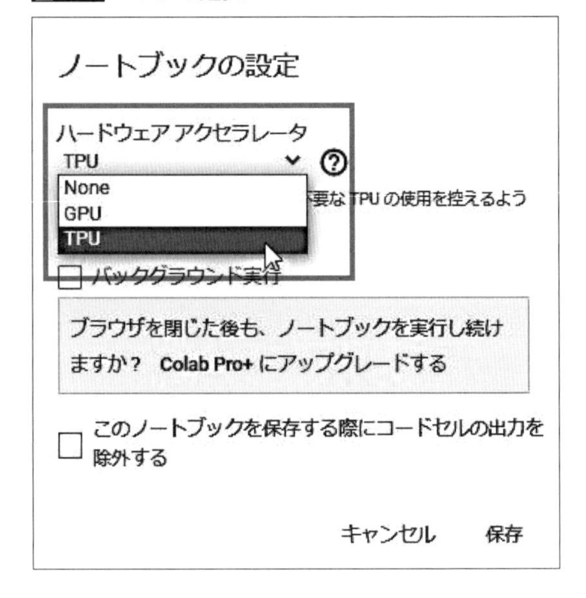

K-3　実行時間の比較

次のようなニューラルネットワークを GPU ありと NONE なしで実行し、結果が出るまでの実行時間を比較しました（リスト K-1）。

《リスト K-1》GPU 時間比較用 CNN

```
model_NN = Sequential()
model_NN.add(Conv2D(64, (3,3),activation="relu", input_shape=(10,10,3)))
model_NN.add(Conv2D(32, (3,3),activation="relu", input_shape=x_train.shape[1:]))
model_NN.add(Dropout(rate=0.3))
model_NN.add(Flatten())
model_NN.add(Dense(128,  activation='relu'))
model_NN.add(Dense(65,  activation='sigmoid'))
#model_NN.add(Dense(65,  activation='softmax'))
```

《リスト K-2》実行時間の比較

```
GPU：3 分 22 秒
なし：7 分 28 秒
```

GPU を使用すると NONE なしと比較して 2 倍の処理速度という結果になりました。（リスト K-2）GPU の効果は複雑な処理を行うほど差がつくようです。Google　Colab ではこのような素晴らしい GPU が無償で使用できます。ぜひ、お試しください。

終わりに

ディープラーニングあいぴのリバーシ対戦 Python プログラムに挑戦しながら、久しぶりにプログラム制作に感動することができました。そして、これからは今までのプログラミングとはひと味違う AI プログラミング技術が必須になることを確信しました。この感動が本書をここまで読んで頂いた皆様に伝えわればこんなうれしいことはありません。

Python プログラミング、特にディープラーニング部分にはおかしな点が多々あるかと思います。例えば、リバーシ盤面を画像にせずにそのままディープラーニングした方が効率がいいのではないか、リバーシ攻略にはこんないい方法がある、などです。素晴らしいアイディが浮かんだときはさっそく Python プログラミングで実現を試みてください。あなたをよりディープなプログラミングワールドにいざなってくれると思います。

<筆者紹介>

竹内浩一（たけうち　こういち）

学歴・勤務歴

1985 年　芝浦工業大学　工学部　金属工学科　卒業

1985 年　長野県下伊那郡高森町高森町立高森中学校　勤務

1986 年　長野県岡谷工業高等学校　情報技術科　教諭

1996 年　長野県駒ケ根工業高等学校　情報技術科　教諭

2007 年　長野県飯田工業高等学校　電子機械科　教諭

2015 年　長野県飯田 OIDE 長姫高等学校　電子機械工学科　教諭

2017 年　長野県駒ケ根工業高等学校　情報技術科　教諭

【参考文献】

・Python 公式サイト　https://www.Python.jp/
・tensorlflow 公式サイト　https://www.tensorflow.org/?hl=ja
・Keras 公式サイト　https://keras.io/ja/
・Colaboratory へようこそ
　https://colab.research.google.com/notebooks/welcome.ipynb?hl=ja
・オセロ公式サイト　https://www.megahouse.co.jp/othello/
・総務省　AI に関する基本的な仕組み
　https://www.soumu.go.jp/johotsusintokei/whitepaper/ja/r01/html/nd113210.html
・総務省 ICT スキル総合習得教材
　https://www.soumu.go.jp/ict_skill/pdf/ict_skill_3_5.pdf
・VroidStudio/Vroid Hub
　https://hub.vroid.com/users/42866102
　https://hub.vroid.com/characters/3527094265323240743

超入門　最新 AI プログラミング　索引

G

H

I

J

K

L

M

N

O

P

R

S

T

U

V

す

せ

そ

た

ち

て

と

な

に

の

は

Google Colaboratory と AI リバーシで学ぶ
超入門　最新 AI プログラミング

令和 4 年 9 月 30 日　第 1 版第 1 刷

著　者：竹内　浩一
編集・発行人：平山　勉
発行所：株式会社電波新聞社
〒 141-8715　東京都品川区東五反田 1-11-15
電話：03-3445-8201（販売管理部）
URL:www.dempa.co.jp

表紙・カバーイラスト：いちかわはる
印刷・製本：株式会社平版印刷
本文 DTP：株式会社ジェーシーツー

Printed in Japan ISBN978-4-86406-044-8

乱丁・落丁はお取替えします。
定価はカバーに表示してあります。